レクチャー
第一次世界大戦を考える

徴兵制と良心的兵役拒否

イギリスの第一次世界大戦経験

Takashi Koseki
小関 隆

人文書院

「レクチャー　第一次世界大戦を考える」の刊行にあたって

京都大学人文科学研究所の共同研究班「第一次世界大戦の総合的研究に向けて」は、二〇〇七年四月にスタートした。以降、開戦一〇〇周年にあたる二〇一四年に最終的な成果を世に問うことを目標として、毎年二〇回前後のペースで研究会を積み重ねてきた（二〇一〇年四月には共同研究班の名称を「第一次世界大戦の総合的研究」へと改めた）。本シリーズは、広く一般の読者に対し、第一次世界大戦をめぐって問題化されるさまざまなテーマを平易に概説することを趣旨とするが、同時に、三年あまりにおよぶこれまでの研究活動の中間的な成果報告としての性格を併せもつ。

本シリーズの執筆者はいずれも共同研究班の班員であり、また、その多くは京都大学の全学共通科目「第一次世界大戦と現代社会」が開講された際の講師である。「レクチャー」ということばを冠するのは、こうした経緯による。本シリーズが広く授業や演習に活用されることを、執筆者一同は期待している。

第一次世界大戦こそ私たちが生活している「現代世界」の基本的な枠組みをつくりだした出来事だったのではないか、依然として私たちは大量殺戮・破壊によって特徴づけられる「ポスト第一次世界大戦の世紀」を生きているのではないか——共同研究班において最も中心的な検討の対象となってきた仮説はこれである。本シリーズの各巻はいずれも、この仮説の当否を問うための材料を各々の切り口から提示するものである。

周知の通り、日本における第一次世界大戦研究の蓄積は乏しく、その世界史的なインパクトが充分に認識されているとはいいがたい。「第一次世界大戦を考える」ことを促すうえで有効な一助となることを願いつつ、ささやかな成果とはいえ、本シリーズを送り出したい。

もくじ

はじめに ——『イギリス人の第一の責務』

その書物が刊行されたのは、イギリスが第二次南アフリカ戦争*のさなかにあった一九〇一年のことである。ジョージ・F・シー著『イギリス人の第一の責務——徴兵制《コンスクリプション》の擁護』、徴兵制をもたなかった二〇世紀初頭のイギリスで、その導入を求める運動の中核を担ったナショナル・サーヴィス同盟（National Service League、以下ではNSL）の指導者たちに強いインスピレイションを与えた書物といわれる。シーは一九〇二年に設立されたNSLの初代書記に就任し、機関紙『ナショナル・サーヴィス・ジャーナル』の編集長の任をも担うことになるが、一九〇〇年代を通じて、この書物の改訂・要約版はNSLの名義で版を重ね、多くの読者を得た。第一次世界大戦前の徴兵制推進運動に火を点ける役割を果たしたといってもよい。

論旨を簡単にまとめるなら、こうである。イギリス帝国の目覚ましい拡大と列強諸国が進める急速な軍備増強に照らしてイギリスの国防態勢は脆弱であり、

第二次南アフリカ戦争 一八九九～一九〇二年。ボーア戦争とも呼ばれる。オランダ系入植者ボーア人が南アフリカに設立したトランスヴァール共和国およびオレンジ自由国とイギリスとの間の戦争であり、背景にはトランスヴァールで一八八〇年代に発見された金鉱とダイヤモンド鉱をめぐる利権争いがある。開戦当初の苦戦を覆して最終的にはイギリスが勝利したものの、予想をはるかに上回る泥沼の長期戦となった。焦土作戦の実施、強制収容所の設置、といったイギリス軍のやり方は、国内外からの厳しい批判を招いた。

慢心していたら侵攻に遭う危険性が高い。国防態勢の強化にとって肝要なのは、自他ともに認める世界一の海軍の背後に「武装せる国民《ネイション・イン・アームズ》」による強力な陸軍を組織することである。国防への貢献こそが「イギリス人の第一の責務」なのであるから、陸軍で兵役に従事することはすべての国民の義務とされるべきである。現状の志願入隊制（以下では志願制）はこうした目的にとって有効ではない。イギリスには強制的兵役はなじまないという批判もあるが、実はそれはアングロ・サクソン時代以来の伝統に適っているばかりでなく、民主主義とも親和的である。

注目しておきたいのは、改訂・要約にあたって副題が「徴兵制《コンスクリプション》の擁護」から「万人による軍事教練《ユニヴァーサル・ミリタリ・トレイニング》の擁護」へと変更されたことである。これはNSLが当面の目的として軍事教練（以下では教練）の義務化を打ち出したためであると同時に、反発を買いがちと懸念される conscription という単語を遠ざけたいとの意図ゆえでもある。徴兵制といって真っ先に想起される英単語は conscription だが、しかし、NSLをはじめとして、二〇世紀初頭のイギリスで徴兵制ないし強制的兵役（教練を含む）を提唱する者たちは自らの要求を conscription と呼ぶことをできる限り回避し、代わって、national service や universal service のような表現を用いるのが通例であった。本書にとってなんとも厄介な事情である。たとえば「ナショナル・サーヴィス」という場合、NSLではほぼ全面的に兵役を意味したが、非軍事的な業務を含めた意味でこの表現を用いることも可能だったため、日本語への正確な翻訳が難しいのである。そこで、いささか煩雑ながら、用語の区別にこだわる場面においては、「徴兵制」「ナショナル・サーヴィス」といった具合に、あえて「 」を付して表記することを方針としたい。さしあたり、ここでは、世論へのアピールを試みるにあたって「徴兵制」が慎重に用いるべきことばだったことを確認するに留める。

一九一四年六月二八日のいわゆるサライェヴォ事件*（図1）を直接の引き金とし、七月二八日のオーストリアの対セルビア宣戦によって火ぶたを切られた第一次大戦は、ヨーロッパのみならず、世界の各地において甚大な人的・物質的・精神的な被害を強いながら、一九一八年一一月まで、四年あまりにわたってつづけられた。「現代」の開幕を告げたともいえるこの戦争にはさまざまな性格が刻印されているが、「第一次世界大戦《ファースト・ワールド・ウォー》」という呼称を手がかりに、ごく簡単な整理をしておこう。

いうまでもなく、「第一次」の冠が意味を成すためには、「第二次」大戦がさして時をおかず勃発した、という知識が不可欠である。第一

図1　サライェヴォ事件、狙撃直後に捕えられるプリンツィプ

サライェヴォ事件　一九一四年六月二八日にオーストリア・ハンガリー二重帝国（以下ではオーストリア）の皇位継承者フェルディナント大公が妻とともにサライェヴォ市街で暗殺された事件。凶弾を放ったのは青年ボスニアに属すセルビア人ガヴリロ・プリンツィプであり、事件の背景にはオーストリア支配下のボスニアをはじめとするスラブ系諸民族のナショナリズムがあった。七月二三日、オーストリアはセルビアに最後通牒を突きつける。

次大戦の渦中にあった人々のほとんどは、第二次大戦が控えていることなど想定していなかったはずであり、したがって、第一次大戦の同時代に第一次大戦との呼称は少なくとも公的なレヴェルでは登場しない。しかし、だからといって、第二次大戦が起こるまでこの呼称が使われなかったかといえば、決してそうではない。イギリスの有力紙『タイムズ』*には、早くも一九二〇年の段階で第一次大戦という表現が登場している。ヴェルサイユ講和条約*が締結されたほんの翌年にこのことばが用いられた事実から読みとられるべきは、ヴェルサイユ体制による平和構築に関する悲観的認識、すなわち、あれだけの犠牲を出した戦争をもってしても火種が消えたわけではない、再び世界的な規模の戦争が起こることはおそらく避けがたい、といった絶望的な諦念であろう。

　そもそも、第一次大戦は「第一次」どころか「最後の戦争《ラスト・ウォー》」になるはずの戦争であった。「最後の戦争」ということばが呼称として広く用いられたわけではないが、第3章で述べるように、戦時には「戦争をなくすための戦争」のようなスローガンが多くの人々を惹きつけた。このスローガンに込められているのは、現下の戦争を通じて将来の戦争の可能性を封殺したい、という思いに他ならない。こうした文脈で考えるなら、終戦からほどなくして「第一次」と呼ばれてしまったこの戦争は、うまく終わらなかった戦争、次なる大きな戦争の予感を漂わせながらひとまず終わったにすぎない戦争と見なすことができるかもしれない。それゆえ、第一次大戦を理解するうえでは、戦間期および第二次

『タイムズ』
一七八五年に創刊、一九世紀前半には最大の影響力を誇る高級日刊紙の地位を確立した。一九〇八年にアルフレッド・ハームズウォース（のちのノースクリフ子爵）がオーナーとなる。保守的な論調を基本とした。

ヴェルサイユ講和条約
一九一九年六月二八日に調印された対ドイツ講和条約。ドイツの軍事大国化を阻止する狙いが貫かれ、ドイツは領土の約一三％を失うとともに、厳しい軍備の制限を課せられ、さらに膨大な賠償金の支払いを求められた。条約が対ドイツ報復的性格を濃厚に帯びていたことは否定できず、ヴァイマル共和国の崩壊とナチズムの台頭を招く重要な一因となった。他の同盟国とは別個の講和条約が結ばれ、たとえば対オーストリアはサン・ジェルマン条約、対トルコはセーヴル条約である。

大戦との連続性を念頭に置くことが決定的に重要になってくる。

つづいて「世界」に注目したい。そもそもの発端がヨーロッパにあり、中東、アジア、アフリカ、等にも戦火は広がったとはいえ、西部戦線（フランス、ベルギー）こそが最も重要な戦場でありつづけたという意味で、第一次大戦がヨーロッパ戦争の性格の強い戦争だったことは間違いない（同時代の日本では「欧州大戦」の呼称が広く使われた）。したがって、ヨーロッパを主たる舞台とする戦争を世界大戦と呼ぶことに、ヨーロッパの大事は世界の大事なのだ、というヨーロッパ中心主義の発想を見出すことは可能である。それでも、ヨーロッパの覇権の下に編成されていた当時の世界において、この戦争がグローバルなインパクトをもったこともまた否定できない。植民地の戦争参加を見てみれば、わかりやすいだろう。イギリスのケースを例にとると、イギリスの参戦に伴って、カナダ、オーストラリア、ニュージーランド、南アフリカ、インド、等、イギリス帝国の自治領・植民地から合計で約三〇〇万人が戦闘員として動員されている。帝国としてのイギリスの参戦が、ヨーロッパ戦争を世界大戦に転化させるうえで大きな役割を果たしたのだといえる。さらに、日本やトルコ、そしてアメリカの参戦も、この戦争を世界化してゆくうえできわめて重要であった。換言すれば、第一次大戦を通じて、世界の一体化、相互連関の緊密化がなんとも荒々しいやり方で推し進められたのである。

とはいえ、同時代から今日に至るまで、少なくともイギリスに関する限り、最も広く使われてきた呼称は「大戦《グレイト・ウォー》」である。よく知られているように、開戦当初、政府や軍の首脳、そして広く一般国民の多くは、「クリスマスまでには終戦」という今から思えば実に呑気な想定を共有していた。したがって、定冠詞を伴った固有名詞として大戦の呼称が定着するのは一九一五年以降のことである。いうまでもなく、「グレイト」と評された一番の理由は、戦争の規模の大きさに他ならない。単純に戦死者数だけを掲げても、連合国側（イギリス、フランス、ロシア、イタリア、等）で五〇〇万以上、同盟国側（ドイツ、オーストリア、トルコ、等）で三〇〇万以上に達する（数値については諸説あるが）。最新の科学技術が、潜水艦、毒ガス、戦車、といったかたちで戦闘に投入され、戦場の兵士のみならず銃後の非戦闘員まで巻き込んだこの戦争は、まさに空前の規模の犠牲、圧倒的な惨禍を伴う戦争であった。

もう一点、呼称とはいいがたいが、第一次大戦については、それが人類史上初の総力戦《トータル・ウォー》だったこともしばしば指摘される。交戦国の人的・物質的・精神的な資源を総動員して遂行される戦争、戦闘員だけではなく、あらゆる国民がなんらかの役割を担う当事者となり、軍事力というよりも総体としての国力（経済力や技術力、国家の動員力、等）が勝敗を左右する戦争である。こうした戦争を戦うために不可欠なのが総力戦体制の整備であり、その眼目の一つが合理的・効率的なマンパワー動員システムの構築であった。有力な選択肢となるのが本書でクローズ・アップする徴兵制である。総力戦である以上、ここでい

民兵軍

起源はアングロ・サクソン時代にまで遡り、一七世紀の王政復古期に改めて制度化される。正規軍を補完すべき軍事力が必要と思われる時期に限って、王権が各州に割り当て人数の兵士の提供を命じ、民兵軍を編成した。抽選による選抜を原則としたが、富裕者には抜け道が用意されていたため、実際に兵役に就いた者の多くは貧民や犯罪者であり、軍事力としてはほぼ無力であった。一八五二年に志願入隊制に切り替えられて兵役の強制はなくなり、一九〇七年には民兵制度そのものが廃止される。

うマンパワー動員とは戦闘員の確保だけを意味しない。軍需品や食糧の生産水準の維持・向上を図ることも戦闘そのものに劣らずに重要なのであって、徴兵制には、戦場と銃後の双方をにらみながら、総力戦を最も合理的・効率的に遂行しうるようなマンパワー（当然のことながら、女性も含めて）の適正配置を実現させる、という狙いが込められていた。たとえば軍需品生産部門の熟練労働者であれば、彼らは戦闘に赴くよりも生産活動をつづけることで勝利により大きく貢献できるのである。もちろん、イギリス以外のヨーロッパの大国では総力戦の時代より前から徴兵制が採用されており、その意味で、徴兵制の実施と総力戦体制の構築とを同一視できるわけではない。それでも、一九一六年に至ってついにイギリスでも徴兵制が導入されたのは明らかに総力戦の要請に応えるためであり、それが総力戦体制の本格的な整備に向けた重要なステップだったことは間違いない。

一九一六年以前のイギリスには、臨時の強制徴募による民兵軍*の編成のような限定的かつ一時的な兵役の強制はあったが、ある年齢層の男性全員が恒常的に対象とされるそれは存在しなかった。民兵軍にしても、選挙法改正運動*の高揚へのパニック的対応として一八三一年に編成されたのが最後であって、たとえばクリミア戦争*の際にも召集されることはなかった。むしろ、一九世紀を通じて広く浸透したのは、強制的兵役は自由の侵害である、徴兵制の欠如はイギリスの誇るべき伝統である、といった認識であった。なお、ヨーロッパ大陸諸

選挙法改正運動　人口が少なく選挙区の体を成していない「腐敗選挙区」を廃止し、代わって新興都市に議席を配分すること、そして、地主が独占してきた選挙権を富裕な中流階級にまで拡大することを眼目とする選挙法改正法案（一八三一年に提出）が、トーリ党の抵抗によって再三にわたり否決されたため、翌三二年にかけて、選挙法改正を求める運動が大きく高揚し、死傷者の出る暴動まで発生した。結局、三二年六月に法案は議会を通過する。

クリミア戦争　一八五四～五六年。ロシアのトルコ領内への侵攻をきっかけとし、イギリスはフランスとともにトルコを支援する立場で参戦した。ロシアを破ることはできたものの、約四六〇〇人の戦死者をはるかに上回る一万七〇〇〇人以上の病死者を出したイギリス陸軍が、戦略、装備、補給、等の面で効率を著しく欠いた集団であることが露呈し、戦後には陸軍相エドワード・カードウェルの下で大規模な陸軍改革が実施される。

国について確認しておけば、プロイセンを盟主とする北ドイツ連邦は一八六七年に、フランスは一八七二年に、ロシアは一八七四年に、各々徴兵制を導入している。イギリスは志願制とともに第一次大戦に突入したヨーロッパで唯一の大国であり、その意味では特異な存在だったのである。

第1章 徴兵制の導入

『タイムズ』（1910年11月23日号）に掲載されたナショナル・サーヴィス同盟の全面広告。執拗に「貴方」に下線を付し、広告に接する者たちの当事者意識を喚起しようとする。

1　ナショナル・サーヴィス同盟

一九〇一年に『イギリス人の第一の責務』が出版された時、徴兵制は「イギリスの自由の伝統」に反するとの言い方は依然として非常に優勢であった。しかし、第一次大戦（以下では大戦）勃発に至る十数年間にわたり、この支配的な認識には揺さぶりがかけられてゆく。情勢が流動化するきっかけとなったのは、一八九九〜一九〇二年の第二次南アフリカ戦争である。予想外の苦戦を強いられたことへのショックからなんらかの兵役の強制を求める声が高まり、こうした声を集めるかたちでNSLが設立される。NSLとはいかなる団体だったのだろうか？

NSLは、一九〇二年二月二六日、ウェリントン公爵の招請で開かれた会合の場で結成された。その目的は、「すべての学校において軍事教練が必修科目とされること」、そして、「国土防衛のための陸軍ないし海軍における服務《サーヴィス》が法的に義務化されること」であった。会長ウェリントン、書記シーに加えて、『イギリス人の第一の責務』から大いに影響を受けたことを認めるニュートン卿、後にアスクィス*（図2）自由党政権の陸軍相を務めるJ・E・B・シーリ（当時は保守党庶民院議員）、『ナショナル・レヴュー』の編集長レオポルド・マクセ、銀行家クリントン・ドーキンズ、等々が指導部を構成した。ウェリントト

ハーバート・ヘンリ・アスクィス
一八五二〜一九二八年。自由党の政治家。内相、財務相を歴任のうえ、一九〇八年に首相となる。一五年五月からは連立政権を率いるが、一六年一二月に首相の座を追われた。二〇〜二六年には自由党党首を務める。

ンによれば、NSLの設立を促したのは「わが国の陸軍・海軍の防衛態勢に関する大きくなるばかりの懸念」に他ならず、「国土防衛という責務に真剣に男らしく向き合う」ため、「わが国のすべての若者は武器を扱う教練を受けねばならない」のだった。NSLが掲げる目的には後に多少の改変が施されてゆくが、強制的教練という基軸は一貫していた。注意しておきたいのは、教練を受けた者たちは危急の際には国防のために兵力として動員される対象になるとの含意があったことである。教練さえすませればお役御免というわけではなく、強制的教練には強制的従軍の可能性が付加されていた。なお、一九〇三年一一月以降、NSLは月刊の機関紙『ナショナル・サーヴィス・ジャーナル』(一九〇七年三月に『ネイション・イン・アームズ』と改称)を刊行するが、それ以前から全面的支持の姿勢をとり、NSLのマウスピースとも呼びうる役割を担ったのが『タイムズ』である。

ウェリントンは、強制的教練を導入することの意味を四点に整理している。「(a)教練や犠牲的行為を通じてシティズンシップの責務と責任の意識を一人一人の国民に認識させること。」「(b)混雑した都市の産業生活に伴う肉体的・道徳的な退化に歯止めをかけること。」「(c)武器使用の教練を受けた国民が陸軍や海軍をサポートし、イギリス諸島の安全を保障するための大きな予備軍を構成するよう準備すること。」「(d)空爆や侵攻の可能性を封じ込めること。」国防への危機意識からスタートしたNSLの狙いが(c)(d)に見られる強制的教練の軍事的

図2　アスクィス

な効用にあったことは間違いないが、注目されるのは、(a)(b)のような広く「教育的」と呼んでもよい効用があえて先に掲げられていることである。同じ文章の中で、ウェリントンは、「教育的」効用が経済的な国際競争にとって有益であることを付言してもいる。もちろん、兵士の輩出母体である国民、特に大多数を占める労働者の肉体や精神の強化はいずれ軍事的な強化にも結びついてゆくのだろうが、純然たる軍事的効用とは異なる効用を強調する論じ方はＮＳＬの著しい特徴であった。これは、強制的教練への世論の支持を広げるために、経済的パフォーマンスの悪化、健康や衛生にかかわる都市問題の顕在化、子どもや若者への危惧と配慮、といった同時代に耳目を集めていた論点と教練とを結びつけようとする意図の結果であり、同時に、ＮＳＬが頭を悩ませねばならなかった一番の問題、すなわち、「イギリスの自由の伝統」をポジティヴに受けとめる世論に強制的教練の重要性をいかにアピールするか、という問題への対応の一つのあり方であった。

教練の義務化が「イギリスの自由の伝統」からの逸脱を意味しないことは、再三にわたって力説された。その際に指摘されるのは、第一に、強制的教練はかつて何度も編成された民兵軍の延長線上に位置し、その意味で「伝統」と親和的であること、第二に、教練は「大陸型」の模倣ではなく、イギリスの条件に即したものとなること、換言すれば、民主的な性格の教練が想定されていること、であった。第二点に関連して興味深いのは、ＮＳＬが参照する事例がドイツやフランスのそれではなくスイスのものであることが繰り返し指摘される点である。シーは次のようにいう。

……スイスという小さな共和国、それは輝かしく英雄的な過去と国家の安全や福利と両立しうる限りで最大限の自由をシティズンに許している思われる統治システムをもつ国であり、自由への情熱的な愛と平和、進歩、文明の大義への献身においてイングランドに微塵も劣りません。

スイスを引き合いに出すことは、強制的兵役の提唱者たちに広く共通して見られる現象であった。その含意は明瞭だろう。強制的教練と民主主義との両立を印象づけ、「伝統」を盾にとった批判に応戦せんとするのである。また、スイスということばを「自然」「健康」「牧歌」の表象と捉えるなら、それは強制的教練の肉体的・精神的効用を伝える媒体でもありえた。ウェリントンはいう。「［ＮＳＬの提案は］国民の側に過度の負担を求めることなくかくも称賛されるべき成果を生み出してきたスイスのシステムに手直しを加えたものです。スイス国民は……このシステムに愛着と情熱を寄せています。」

こうした議論の中で意味をもってくるのが、さきに触れた用語法の問題である。強制的兵役（教練）に即座に冠される「徴兵制」とのレッテルを遠ざけることの必要性は、ＮＳＬでも早くから認識されていた。団体名にある通り、代わって多用されたのが「ナショナル・サーヴィス」「ユニヴァーサル・サーヴィス」といった表現である。NSLの使い分けに従うなら、「徴兵制」とはドイツやフランスに見られる「大陸型」の強制的兵役のことであって、「イギリスの自由の伝統」と背反しない民主的な「イギリス型」ないし「スイス型」のそれには別の呼称が与えられるべきなのである。

一九〇三年五月のNSL年次大会で、ウェリントンは次のように語っている。

私たちは海外に見られる強制的兵役を提唱しているわけではありませんが、公衆の胸中に既に植えつけられてしまった「徴兵制」ということばに伴う偏見を克服するのは相当に困難です。私が思うに、スイスのシステムのようなものをモデルとした兵役を採用することは可能でしょう。

「海外に見られる強制的兵役」に含意されているのは、もちろん「スイス型」ではなく「大陸型」の「徴兵制」である。NSLの提案には教練だけでなく危急の際の国防への動員の可能性も含まれていたのであるから、「徴兵制」と呼ばれること自体は不当ではなかったのだが、NSLは自らの提案と「徴兵制」とを差異化することにこだわった。一九〇六年九月二九日の『タイムズ』論説はいう。「「ユニヴァーサル・サーヴィス」はあらゆるシティズンを平等な立場に置く。実際のところ、それは世界で最も民主的な制度なのである。……国土防衛のためのすべてのシステムのうちでも、それは自由や平等と最も両立しやすい。」

とはいえ、「自由の伝統」を謳歌していた二〇世紀初頭のイギリスにおいて、反発を買いやすかったのは「徴兵制」の字面だけではなかった。いかに「教育的」効用を強調してみせても、教練の強制という提案の内容自体が概して冷淡な反応しか得られなかった。国防問題への国民の「無関心」を克服し、強制的教練への支持を獲得することは容易ではなく、とりわけ労働者が示す反発は一貫してNSLを悩ませつづけた。また、アーサー・バルフォア*を首班とする保守党政権の動向も、NSLにとって満足できるものではなかった。一九〇四年五月には、NSLの熱心な支持者だったノーフォーク公爵をトップに据えた「民兵軍と義勇軍に関する王立委員会」の多数派報告書が、「身体健常な男性国民のできる限り全員」を対象とする強制的教練の導入という勧告を行ったにもかかわらず、政府は勧告を顧慮しようとせず、それどころか、イギリスへの侵攻など「ありえない」との認識を繰り返し表明した。NSLの運動は必ずしも順調に支持を広げられなかったのである。

こうした運動の行き詰まりを打開する役割を果たしたのが、一九〇五年一二月にNSLの会長に就任したフレデリック・ロバーツ*である（図3）。ベンガル砲兵隊時代にインド大反乱*の鎮圧に貢献したことを皮切りに、数々の武勲をたて、直近では第二次南アフリカ戦争で司令官として苦戦のつづいていた戦況を

アーサー・ジェイムズ・バルフォア
一八四八〜一九三〇年。保守党の政治家。スコットランド担当相、アイルランド担当相、首相を歴任し、大戦期には連立政権の海軍相および外相を務めた。外相在任中の一九一七年に発したバルフォア宣言はパレスチナにユダヤ人国家を設立することを約束する趣旨のものだが、一五年のマクマホン宣言や一六年のサイクス＝ピコ協定と矛盾し、今日にまでつづくパレスチナ問題の原因をつくった。

フレデリック・スレイ・ロバーツ
一八三二〜一九一四年。陸軍軍人。一八五一年にベンガル軍に入隊、五八年にはインド大反乱の鎮圧に大きく貢献して、ヴィクトリア十字勲章を授与される。七八〜八〇年のアフガン戦争でも活躍し、その後、マドラス軍、インド軍、アイルランド軍の司令官を歴任。苦戦の色が濃い戦況を立て直すため、南アフリカ遠征軍司令官として第二次南アフリカ戦争を指揮し、一九〇〇

すっかり転換させることに成功したロバーツは、この時代のイギリスでおそらく最高の知名度と人気を誇る軍人であった。一九〇四年初頭に陸軍を退いて以降、一九一四年一一月一三日に死去するまで、この元陸軍元帥はNSLの活動に全力を投入するが、その間の飛躍的な前進は、一九〇三年には約五〇〇、〇五年には約二〇〇〇にすぎなかったメンバー数が、一一年には約九万、一四年には約二七万に達したことに端的に示される。ロバーツといういわば看板役者を得たNSLは、もはや政治の世界の周縁に位置するいささかエクセントリックなプロパガンダ団体とはいえなかった。同時に、こうした前進は現実主義的で柔軟な方針の成果でもあった。自らの提案が依然として浸透しきっていない状況に対応して、一九〇九年二月、NSLは当面の目的を一八～二一歳の若者を対象とする教練の義務化（教練を受けた者たちは非常事態の際には兵役に召集される）のみへと縮減し、学校での教練の提案を外している。

　政治家たちへの影響力が強まったことも間違いない。NSLの算定によれば、一九〇二年には三人しかいなかった「ナショナル・サーヴィス」を支持する庶民院議員は、〇六年には四三人、一一年には一七七人、というペースで急増した。そのほとんどは保守党所属であり、とりわけ、与党自由党が圧倒的多数を占める状況を突き崩し、与野党伯仲の議会をもたらした一九一〇年の二度にわたる総選挙で議席を得た保守党の新人議員の多くは、NSLのメンバーないし支持者であった。

年にプレトリアの奪回に成功する。帰国後、陸軍総司令官となる。

図3　ロバーツ

インド大反乱　一八五七～五九年。一八五七年五月に東インド会社軍のインド人傭兵（セポイ）が開始した反乱（セポイの反乱とも呼ばれる）。イギリスの植民政策に反感を抱くインド人の幅広い支持を得て反乱は大規模化し、デリ占領、ムガル皇帝擁立という事態に至るが、五七年秋以降はイギリス軍の優位が確立され、ゲリラ戦は五九年四月までつづくものの、五八年夏には反乱軍はほぼ鎮圧された。この反乱を契機とする五八年のインド法によって、インドはイギリス政府の直接統治の下に入る。

さらに、自由党の側でもアスクィス政権の財務相デイヴィッド・ロイド・ジョージ*が注目すべき動きを見せた（図4）。第二次南アフリカ戦争を厳しく批判したことで知られ、軍事支出にも慎重なスタンスをとってきた彼は、強制的兵役などとは縁遠い政治家と目されていたのだが、一九一〇年八月に発表したメモランダムで「スイス型」をモデルとする強制的教練を提唱している。財務相として効率的な軍事力整備を模索した結果、こうした見解に至ったのである。このメモランダムが直接なんらかの政治的帰結に至ることはなかったが、来るべき大戦のキー・パースンがこの時点で強制的教練に積極的な姿勢を見せた事実は記憶されてよい。そして、国防に関する懸念が世論に多少とも浸透したこともまた、「晴天の霹靂」としてのドイツによる侵攻の脅威を明らかに過剰に煽ったNSLの精力的なプロパガンダの成果だった。

同調者が自由党よりも保守党の方に多かったことは否定できないが、NSLは原則的には超党派的な立場をとった。国防問題の重要性に鑑みて、党派対立の論理は持ち込まれるべきではないというのである。しかし、「党よりも祖国を前に置く」ことを再三力説したにもかかわらず、そして、ロバーツの活躍で影響力を拡大したにもかかわらず、自由・保守の二大政党の姿勢はNSLを失望させつづけた。個人の自由の尊重を「錦の御旗」とする自由党が強制的教練に消極的だったのはまだしも理解しやすかったが、NSLを支持する少なからぬ有力者を抱える保守党までもが、党内対立の火種となることを怖れてか、教

デイヴィッド・ロイド・ジョージ
一八六三～一九四五年。自由党の政治家。第二次南アフリカ戦争中の反戦の主張で勇名を馳せる。商務院総裁、財務相、軍需相、陸軍相を歴任し、一九一六年一二月に首相に就任、二二年まで保守党主導の連立政権を率いる。二六～三一年には自由党党首として復権を目指すが、自由党の凋落に歯止めをかけることはできなかった。

図4　ロイド・ジョージ

練義務化の提案から距離をとろうとした。一九〇九年五月の貴族院に強制的教練を求める法案が提出された際、時の保守党党首バルフォアはロバーツの協力要請を拒否している（法案は否決される）。どれほどの組織的前進を達成しても、二大政党のいずれの指導部からも支持を獲得できないようでは目的達成の見通しが開けないのは明らかであって、こうした意味でNSLは隘路を突破できずにいた。

また、NSLが苛立ちを募らせる一方で、自由党政権は一連の陸軍改革を実施していた。NSLとのかかわりで重要なのが、一九〇七年に陸軍相リチャード・ホルデイン*の肝いりで正規軍を補助する国土防衛軍が創設されたことであり、創設にあたっては、強制ではないものの、一八～二四歳の若者が四年間にわたって国土防衛軍で教練を受けることが奨励された（一九一〇年には二八万人が教練を受けた）。NSLからすれば、志願制をとる点において、ホルデインの国土防衛軍は批判の対象であったが、「国民の義務としての強制的教練なしにはいかなる軍事システムも満足に機能しない」と主張するNSLに対し、政府の側は、教練の義務化とは「大陸型」の「徴兵制」の導入に他ならないと反駁した。農水相であったウォルター・ランシマンはいう。「ロバーツ卿が卓越した組織者の役割を果たしてきたナショナル・サーヴィス同盟は、実質的には「徴兵制」を目的に掲げる団体です。私たちが「徴兵制」を甘受することがありうるなどともしも想像しているのだとしたら、……彼はイングランドという

リチャード・バードン・ホルデイン
一八五六～一九二八年。自由党（労働党）の政治家。陸軍相、大法官を歴任し、特に陸軍改革に大きな成果をあげる。大戦期には親ドイツ的との批判を浴びて大法官のポストを退くが、戦後は労働党に転じ、二四年に成立したイギリス史上初の労働党政権で再び大法官を務めた。

ものをほとんどわかっていないことになります。」強制的教練は「イギリスの自由の伝統」に反する「徴兵制」だとして批判する論法は、依然として有効であった。

　一九一四年二月二七日にはNSL代表団と首相H・H・アスクィスとの会談が実現されるが、NSLの創設メンバーであった時の陸軍相シーリも同席したこの会談で、アスクィスは現状の国土防衛軍が充分な戦力であることを強調し、強制的教練の提案を受けいれるつもりなどないと明言した。一九一三年一月から翌年五月にかけて侵攻の可能性を調査・検討した帝国防衛委員会の結論も、フル・スケールの侵攻を受ける危険性はない、というものであった。

　さきに述べた通り、ロバーツが世を去るのは一九一四年一一月一三日のことであるが、それに先だって、イギリスが大戦に参戦した直後の八月七日にNSLは活動の停止を決定する。必ずしも見解を同じくしない自分たちの独自活動が、戦争遂行という課題を背負った政府の足を引っ張ることを危惧しての決定であり、メンバーの多くは陸軍省のヴォランティア・スタッフとなって募兵運動その他に貢献した。

　それでは、活動停止以前のNSLの活動はどう評価されるべきだろうか？ロバーツの時代に実現された組織的前進が、強制的教練の提案にある種の市民権を与えたことは間違いなかろう。複数回にわたって議会に法案が提出された事実がわかりやすく伝えるように、強制的教練を語ることはもはや政治的なタブーではなくなっていた。しかし同時に、目的達成の手応えをNSLが摑んでいたかといえば、そうではないだろう。個々の議員への浸透にはそれなりに成功したかもしれないが、二大政党の指導部からの同調を得られなかった点は決定的な限界であった。その最大の理由は、強制的教練を政策に掲げて選挙に勝つことなどできない、有権者の多くは強制的教練を支持していない、という認識が政党を問わず共有されていたことであった。つまり、「イギリスの自由の伝統」をよしとする世論を揺さぶってはみせたものの、結局のところ、NSLはそれを突き崩せずにいたわけである。特に労働者からの支持の獲得はNSLの懸案でありつづけた。ロバーツは、労働者の愛国心を喚起するためには社会改革の推進による彼らの生活状態の改善が不可欠である、といった社会帝国主義的な議論を展開してみせたが、こうした提唱が多くの労働者をとらえることはなく、上流階級や軍人に依存しがちなNSLの性格は、結局のところ大きく変化しはしなかった。世論を劇的に変化させるためには、大戦の勃発が必要だったのである。

2　志願入隊制から徴兵制へ

一九一四年八月に大戦に参戦した時点で、イギリスの陸軍は徴兵制をもつ大陸諸国と比べて著しく弱体であった。イギリスの主たる戦争貢献は世界最強の海軍にこそよるべきであって、地上での戦闘にはごく補助的に加わればよい、という見方が支配的だったわけだが、しかし、参戦にあわせて陸軍相に就任した陸軍の英雄ホレイシオ・ハーバート・キッチェナー*は、短期戦を予想する者がほとんどだった頃から、今まさに参戦した戦争が数年を要するだろうこと、そして、帰趨を決するのは西部戦線における陸軍の対決だろうことを予想していた。遠からず大規模な陸軍の派遣が必要になるとの見通しの下、キッチェナーは、職業軍人から成る正規軍とは別個に、志願兵を担い手とする「新陸軍」の編成に着手する。「新陸軍」への入隊の呼びかけは熱狂的な反響を呼び、多くの国民が入隊手続きの長蛇の列に加わったが（一九一四年九月だけで四六万人以上）（図5〜8）、熱狂が冷めるのも早く、翌年に入ると志願入隊は停滞してゆく（特に七月以降）。陸軍は慢性的な兵力不足に苦しめられることとなり、一九一五年末の段階で募兵の成果は陸軍省の目標値を三〇万も下回っていた。フランス陸軍の疲弊ゆえ、イギリス陸軍がいよいよ本格的に西部戦線にコミットしなければならない事態が生まれ、しかも長期戦必至の様相が強まる中、兵力不足は看過できない問題であった。

兵力不足の顕在化は、それまでは戦時ゆえに自粛されてきたアスクィス政権への批判を誘発した。戦争指導をキッチェナーや陸軍首脳に任せることを旨とし、募兵の停滞を積極的に打開しようともしないアスクィスでは大戦に勝てないのではないか、との声が徴兵制推進論者を多く抱える野党保守党から噴出し

ホレイシオ・ハーバート・キッチェナー
一八五〇〜一九一六年。陸軍軍人。パレスチナや北アフリカで軍務に就いた後にエジプト軍司令官となり、一八九八年のファショダ事件を解決した功績で男爵に叙される。第二次南アフリカ戦争ではロバーツ司令官の参謀長の任を担い、一九〇〇年からはロバーツの後継の司令官として戦勝を導いた。インド軍司令官を務めたうえ、一四年には現役軍人として初めて陸軍相のポストを得る。一六年六月にロシアへ赴く途上、巡洋艦ハンプシア号が機雷に触れたために死亡した。

図５　募兵ポスター（1）
（東京大学大学院情報学環提供）

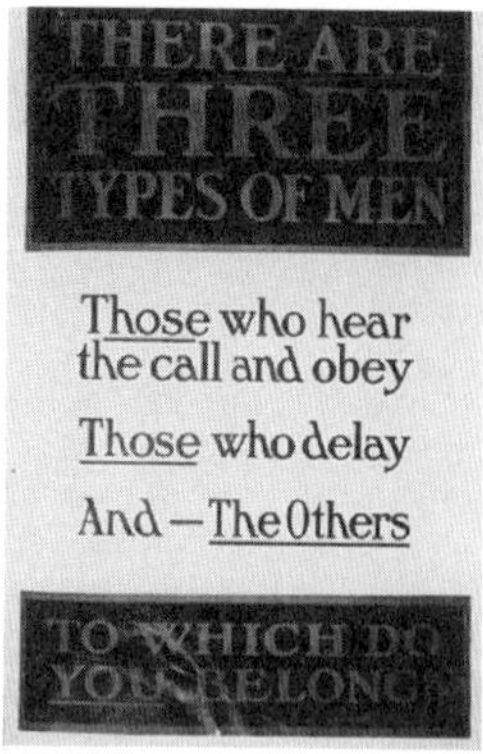

図６　募兵ポスター（2）
（Imperial War Museum）

図７　募兵オフィス

図８　1914年８月、募兵オフィスで長蛇の列を成す「新陸軍」への入隊希望者たち

てくるのである。もちろん、自由党の側では徴兵制に慎重な議論が支配的であって、政権内で公然と徴兵制を唱えるのは海軍相ウィンストン・チャーチル*のみだったが、ちょうどガリポリ上陸作戦*（図９）の大失敗と「砲弾スキャンダル*」が重なったこともあり、一九一五年五月二五日には保守党だけでなく労働党も参加する連立政権が成立する（首班はアスクィスのまま）。有力な徴兵制推進論者が何人も政権に加わったことで、徴兵制はぐっと現実的な政策的選択肢になったといえる。

　異端者であったチャーチルは別として、自由党の有力者のうちいち早く徴兵制支持に転じたのが、一九一五年六月に新設された軍需省の大臣（軍需品生産の増大に向けた経済活動の組織・統制に責任を負うポスト）に就任したロイド・ジョージだった。限られたマンパワーを効率的に活用するため、軍需省は軍需品生産工場の直轄管理を進め、終戦までに三〇〇万人以上の労働者の生産活動を指揮することになるが、こうした従来には考えられなかったスケールの国家介入は、最たる国家介入ともいうべき徴兵制とヴェクトルを同じくしており、たとえばマンパワーの現状を把握する目的で一九一五年七月に制定された国民登

図９　ガリポリ上陸作戦

ウィンストン・レナード・スペンサー・チャーチル　一八七四～一九六五年。保守党（自由党）の政治家。一九〇〇年に保守党の庶民院議員として政治的キャリアをスタートさせるが、〇四～二四年は自由党に所属し、その後に保守党へ戻った。商務院総裁、内相、海軍相、軍需相、陸軍相（空軍相も兼務）、植民地相、財務相、等を歴任した後、四〇～四五年および五一～五五年に首相を務める。多数に上る著書には『第一次世界大戦史』（全五巻）も含まれる。

ガリポリ上陸作戦　海軍相チャーチルの主唱の下、一九一五年四月から翌年一月にかけて実施された作戦。ダーダネルス海峡の北岸にあたるガリポリ半島に上陸し、背後からコンスタンティノープルを攻略することを想定していたが、大失敗に終わり、膨大な死傷者を出しながら、戦果もないまま撤退を余儀なくされた。責任をとってチャーチルは海軍相ポストを辞する。

録法（一五〜六五歳の国民の職業等の登録を義務化する）は、来るべき徴兵制実施に向けた基礎資料の整備という意味を明らかに含んでいた。国民登録を管轄した地方行政院総裁ウォルター・ロングの回顧録には、国民登録と徴兵制の関係について、以下のようにある。「……私は徴兵制が議会に提案される前提としてこうした措置が必要だと考えてはいたが、国民登録の結果、徴兵制は必要でもないし現実的でもないことが明らかになるかもしれなかったのであるから、国民登録は不可避的に強制的兵役を導くという主張は正確とはいえなかった。」微妙な言い回しながら、国民登録を徴兵制への地ならしと捉えるのがロングの本音であったことが読みとれよう。国民登録が実施された八月一五日以降、保守党の徴兵制推進派が圧力をいっそう強める一方、議会外では『タイムズ』や『デイリ・メイル』*を先頭とする推進派ジャーナリズムの論調が激しさを増し、九月一四日の新聞各紙には、従軍中の三〇人の庶民院議員および二二人の貴族院議員が連名で徴兵制導入を求めるアピールが掲載された。

そして、開戦直後から活動停止状態にあったNSLも、好機の到来に乗じるかのように、活動を再開させた。ロバーツを欠くこの時期のスポークスマンは一九一五年六月に会長に就任するアルフレッド・ミルナー*、ロバーツを説得してNSLの活動に導いた張本人であった。活動の再開にあたって、NSLは目的にも変更を加えた。従来は国防限定の「ナショナル・サーヴィス」を提唱していたのだったが、海外での戦闘も戦時に限っては「ナショナル・サーヴィ

砲弾スキャンダル
一九一五年五月一四日の『タイムズ』に、西部戦線における苦戦の原因は軍事作戦の誤りではなく軍需品（砲弾）の不足であるとして、アスクィス政権を激しく批判する記事が掲載された。政権への攻撃と陸軍首脳の免罪を意図した『タイムズ』と保守党右派の連携プレーだったといわれるが、この記事がきっかけとなって、アスクィス政権の信頼は大きく揺らぐこととなる。

『デイリ・メイル』
一八九六年に創刊、労働者を想定読者とするイギリスで最初の日刊紙であり、二〇世紀初頭には発行部数は一〇〇万部をこえた。ポピュリスト的論調で知られ、大戦期には大衆紙として最大の影響力を誇った。オーナーであったハームズウォース（ノースクリフ子爵）の名にちなんで、労働者が毎日のように新聞を読むのが当たり前になってゆく現象を「ノースクリフ革命」と呼ぶ。

ス」の一環に組み込むこととしたのである。この変更について、ミルナーは以下のように説明している。

［開戦時に比べて］状況はすっかり変わりました。戦いの前例のない苛烈さ、予想外の規模の戦力を戦場に送ることの必要性、そして、兵役の負担をもっと平等に配分せよという国中に広がる要求ゆえに、一年前のまったく異なる状況の下で採用された方針の再検討が必要となりました。イギリス帝国の存亡はこの戦争での勝利にかかっています。そして、ますます明白になってきているのは、この戦争が継続している間は万人を対象とする強制的兵役を打ち立て、わが国のすべての力を押し出さねばならないことです。

アルフレッド・ミルナー　一八五四～一九二五年。植民地行政官・政治家。南アフリカ高等弁務官およびケープ植民地総督として、第二次南アフリカ戦争のキー・パースンの一人となる。「ミルナー・キンダーガルテン（幼稚園）」と呼ばれた若手植民地官僚のグループを率いて、「啓蒙的植民地統治」を推進した。〇五年に帰国した後に貴族院議員となり、大戦期にはロイド・ジョージの戦時内閣に名を連ねる。陸軍相、植民地相を歴任した。

もはや大戦前のように世論に配慮して目的を自主規制する必要などない、という判断である。

情勢がＮＳＬにとって好転してきていることはたしかだったが、その一方で依然として「徴兵制」のような「明確な理念を欠いたキャッチワード」を用いた反対論が影響力を保持していることも無視はできなかった。一九一五年六月一六日のＮＳＬ年次大会での演説で、ミルナーは「キャッチワード」による「偏見」の喚起に依存した批判への苛立ちを滲ませている。「すべての法、すべての秩序、すべての規律には、結局のところ、強制が含まれています。……

子どもを学校に通わせるからといって、玄関先のゴミを片づけるからといって、税金を払うからといって、私たちは奴隷なのでしょうか？」要するに、日常生活に強制の契機は遍在しているのだから、兵役絡みの強制ばかりをクローズ・アップして「キャッチワード」に結びつけるのは不当だ、という趣旨だろう。かなり下手な詭弁ともいうべきこの演説からわかるのは、ＮＳＬが自らの目的と「徴兵制」との峻別に依然としてこだわりつづけていたことである。こうした論調は次節で見る一九一六年一月五日のアスクィスの有名な演説にも流れ込んでくるのであり、「徴兵制」への世論の反発が深く憂慮されていたことを物語るだろう。

一九一五年夏にはロイド・ジョージは導入論にはっきりと傾いていたが、それでも、内相ジョン・サイモン、財務相レジナルド・マッケナ、商務院総裁ウォルター・ランシマン、等、相変わらず政権内には有力な徴兵制反対派が残っていた。彼らの言い分は、ドイツの軍事主義《ミリタリズム》に抗する趣旨で参戦したイギリスが軍事主義の具体化に他ならない徴兵制を自ら導入したら参戦目的そのものが掘り崩される、徴兵制は経済活動を衰退させ（このことはイギリスが財政的主柱となっている連合国の動揺をもたらす）、国民の結束を損ねることで、結局は敗戦を導く、といったもので、根底にあったのは、国民の生死を左右する権限を国家が握るのは好ましくないとするリベラリズムの発想であった。また、議会外にも反対の声はあった。おそらく最も重要なのが、大戦を支持する一方で「いかなるタイプの徴兵制」にも反対する旨の決議を一九一五年九月の年次大会で満場一致で採択した労働組合会議*（Trade Union Congress、以下ではＴＵＣ）の存在であり、その姿勢は労働党の対応に重大な影響を与えずにはいなかった。

徴兵制推進派と反対派のはざまで、アスクィスは難しい判断を迫られていた。徴兵制はリベラリズムに反する、これが本音だったことはまず間違いないが、しかし、参戦を決断した首相として、彼には戦勝のために手を尽くす責務があり、徴兵制なしで勝てるのか、という問いを避けて通ることはできなかった。しかも、当初の想定よりはるかに深く陸軍が西部戦線にコミットしてしまったことも軍人任せの戦争指導の帰結に他ならない以上、大規模攻勢による膠着状態の打開を意図する陸軍からの兵力増強の要請に応えないわけにもゆかなかった。一九一五年秋には徴兵制は不可避との認識に至ったようだが、それでもなお、最後の段階でアスクィスは先延ばし策を採用する。国民から徴兵制への同意を得るためには、志願制の可能性を徹底的に追求したがそれでも充分な兵力を確保することができなかったことを納得してもらう必要がある、こう考えたアスクィスは、一九一五年一〇月、アリバイづくりとも見えるプロジェクト＝ダービ計画をスタートさせる。

募兵運動での活躍で知られ、ＮＳＬの副会長でもあったダービ伯爵*をトップに据えたこの計画の眼目は、まだ入隊していない一九～四一歳の男性に対し、即座に入隊するか、そうでない場合は、入隊要請があった時にはそれに応える

労働組合会議
一八六八年に結成された労働組合のナショナル・センター。一九〇〇年には労働者階級の議員を送り出す目的で労働代表委員会（〇六年に労働党と改称）を設立する。大戦勃発の時点で二五〇万人以上の組合員を傘下に収めていた。

ダービ伯爵
一八六五～一九四八年。保守党の政治家。一九〇八年に一七代目の伯爵位を継承する。陸軍相、フランス駐在大使を歴任した。

意志があることを「誓言《アテスト》」するよう求めるところにあり（まず要請を受けるのは独身者であり、既婚者には独身者の動員が完了するまで要請はない旨が約束された）、「誓言」した者にはそのことを示すアームバンドが支給された。自発性の外観を残しつつ、実質的には強制に近いかたちで入隊者を増やそうとする企てである。同年一二月にかけて実施されたダービ計画は入隊逃れの結婚ラッシュを促すばかりで、充分な数の志願兵を確保する見通しがほぼ皆無であることが明らかとなった。もはや万策尽きたとして、アスクィスはついに徴兵制のための法案の準備に着手する。ダービ計画とは志願制の限界を広く知らしめるためのプロジェクトであって、その「失敗」は織り込みずみだったともいえよう。

3　兵役法案

いよいよ兵役法案《ミリタリ・サーヴィス・ビル》が提出される一九一六年一月五日の庶民院は、異様な雰囲気に包まれていたという。なんらかのかたちで軍に所属していた庶民院議員はこの時点で一六五人（総議席数六七〇）に上ったが、西部戦線から戻った者も含め、約五〇人の軍服姿の議員が議場に詰めかけたのである。緊張感が漂う中で、アスクィスは歴史的な法案の趣旨説明を始めた。アスクィスがまず強調したのは、法案が「一つの特定の目的に限定されたもの」であることだった。「一つの特定の目的とは、ダービ卿のキャンペーンの初期段階で私が本院で公式に行った約束を履行することであります。」ここでいう「約束」が行われたのは一九一五年一一月二日、既婚者の「誓言」を促すため、独身者の兵役への動員が完了するまでは、たとえ「誓言」をしても既婚者が召集されることはない旨を明言したのである。志願制では入隊しようとしない独身者が少なからずいる以上、彼らを強制によって兵役に就かせなければ、せっかく「誓言」した既婚者の意欲に応えられない、これが「約束」を盾にとって兵役法案を正当化する理屈である。

同時に、アスクィスには、この法案がイギリス社会の大転換をもたらすような性格のものではなく、あくまでも「約束」を履行せんとするだけのもの、つまり、大騒ぎするほどの法案ではないことを印象づけたいという狙いもあった。こうした姿勢は、有名な次のくだりにも見てとれる。

今まさに提出の許可を求めようとしているこの法案は、私が思うに、原則においてそれを支持する人たちにも、そして、私の場合がそうであるように、緊急時だからという理由でそれを支持する人たちにも、誠心誠意サポートしていただきうる法案であり、一般にいう徴兵制とは異なります。

「徴兵制」ということばが反発を呼び起こす事態を避け、できるだけ粛々と採決までもってゆきたいとの思いから、そしておそらく、リベラリズムを信条とする自分がイギリス史上初の徴兵制の導入に責任を負うことへの違和感から、アスクィスは「一般にいう徴兵制」とは異なる、などと言い訳めいたレトリックを用いたわけだが、実際、この時の兵役法案は一八〜四一歳の独身男性だけに兵役義務を課すものであり、既婚男性が対象から外されているという意味で総 徴 兵 制《ジェネラル・コンスクリプション》ではなく、それゆえ、「一般にいう徴兵制」とは違うと強弁できる余地がたしかに残されてはいた。

さらにもう一つ、この法案にはアスクィスの強弁の根拠になりうる条項が含まれていた。「戦闘業務の遂行を拒む良心」に基づく兵役免除の可能性を認めたいわゆる良心条項である。もともとの法案原案には含まれていなかったこの条項は法案提出の直前に追加されたのだが、注目すべきは、ここでいう良心が宗教的なそれに限られず、思想・信条も含まれていること、そして、戦闘業務だけの免除のみならず、全面的な免除の可能性も留保されていることである。これは他国の徴兵制にはない特徴であった。保守党や陸軍からの激しい批判にもかかわらず、良心条項を固守することで、アスクィスなりにリベラリズムの矜持を保ったわけである。もちろん、そこには世論の反発をできるだけ抑え、「国民的結束」の外見を維持したいという狙いも介在していただろう。

アスクィスの趣旨説明は当初は静粛のうちに進んだが、良心条項への言及が始まると、議場は一気に騒然とし、一時中断を余儀なくされた。趣旨説明を再開したアスクィスは、以下のように良心条項を擁護してみせた。

議員諸兄の一部から異議の声、嘲りの声さえも聞かれたことを、私はいささか遺憾に思います。おそらく、こうした問題にかかわる立法の歴史について、ご存知ない諸兄もおられるのでしょう。偉大なる対フランス戦争に際して、政権の座にあったピット氏*およびその後継者が強制的な民兵法を実施した時、彼らは、政府が課す兵役を良心に基づいて拒否した当時では唯一の人々、すなわち、クエイカー*と呼ばれる人々をはっきりと免除しました。私たちの時代についていえば、南アフリカとオーストラリアの同じ臣民たちが多様なかたちで強制的兵役を採用していますが、いずれの場合も、まさに同様の例外規定が法に含まれ、最良の結果をもたらしています。

ピット時代のクエイカーという歴史的前例と帝国自治領の同時代の事例、これら二つへの論及によって良心条項の正当性が主張されたのである。

兵役法案の審議を詳しく検討する紙幅の余裕はないが、指摘できるのは、既に一七ヵ月にわたる交戦を経験し、前例のない戦争の渦中にあるとの実感が広がっていたためか、あるいは、ダービ計画や免除規定のような配慮が功を奏したためか、危惧された法案への反発は限定的なものに留まったことである。職を辞してまで抗議する閣僚は予想外に少なく、結局、内相サイモンだけであった。志願制擁護派の象徴的存在であったホルディンは、一月二五日の貴族院で、

ウィリアム・ピット
一七五九～一八〇六年。いわゆる小ピット。トーリ党の政治家。一七八三年に弱冠二四歳でイギリス史上最年少の首相となり、一八〇一年まで政権を率いる。特筆されるべき業績は、首相の権威を高め、従来は各々が国王に仕える大臣の集団でしかなかった内閣を首相の統率の下に結束する機関へと変えたことである。九三年より対フランス戦争を遂行するが、最終的な勝利を目撃しないまま、二度目の首相在任中であった〇六年に死亡した。

クエイカー
一七世紀半ばにジョージ・フォックスによって創始された非国教プロテスタントの一派。正式名称はフレンズ協会。信徒個人の「内なる光」を重視し、倹約・質素な生活スタイルを旨とした。徹底した平和主義をとり、奴隷制廃止運動や刑務所改革運動のような博愛主義的な運動への献身でも知られた。銀行業のロイドやバークリ、製菓業のキャドベリをはじめ、ビジネス界で成功した信徒が多い。

「この戦争を成功裏に決着させるのに……不可欠な数の人員を供給するというたった一つの目的」に向けた「一時的で適用も限定的な戦時措置」であるとして、法案支持を明言した。

労働党はといえば、TUCが法案反対の姿勢を改めて打ち出したこともあり、当初は連立政権から離脱する意向を表明していたにもかかわらず、一月一二日にこの方針を撤回した。労働組合がなによりも怖れたのは、徴兵が徴用《インダストリアル・コンスクリプション》（国家による労働力の強制的な配置・管理）へと連動し、労働組合の権利が無意味化することだったが、アスクィスはそのような連動はありえないと確約し、懐柔に成功したのである。労働党を代表して連立政権の教育相を務めるアーサー・ヘンダスンの言い方によれば、彼が法案を是認する決意を固めたのは、「純然たる軍事的必要性の見地からしてなんらかの強制的兵役の措置は必要だ、という確信」ゆえであった。「……政府が提案している法案が提出され成立しなければ、私たちは勝利のうちに、そして迅速に終結させるとの見通しをもってこの戦争を戦いつづけられない、という結論に抗するのは不可能であることを、私は理解しました。」戦時において、軍事的必要性のアピールはなににも増して強力であり、徴兵制への抵抗感を抑え込むうえできわめて効果的だった。

結局、議員の間には「やむなし」論が浸透し、自由党にせよ労働党にせよ、兵役法案の成立にとって重大な障害とはならなかった。一月二七日、さしたる困難もなしに法案は可決され（採決結果は三八三対三六）、三月二日には徴兵制の運用が始まる。イギリスは国民の生死を左右する権限を国家が掌握する社会へと転換したのであり、皮肉なことに、この転換はリベラリズムを奉ずる自由党の首相の責任で実行された。大戦後の急速な自由党の凋落*の遠因の一つはここにある。

もちろん、少数ながら、反戦・反徴兵制のスタンスを貫いた議員もいたことは確認しておきたい。大戦反対の主張が党内外の批判を浴びたため議会労働党議長の座を退いたラムジ・マクドナルド*や反戦・反徴兵制の論客として活躍したフィリップ・スノーデンは、代表的な労働党議員である。労働党議員以外にも、クエイカーのアーノルド・ラウントリーやトマス・エドモンド・ハーヴィ、自由党のC・P・トレヴェリアンやアーサー・ポンスンビ、フィリップ・モレル、といった人々がいる。

総じてすんなりと徴兵制が受けいれられたことに関し、保守派とリベラル派を各々代表する有力紙、『タイムズ』と『マンチェスター・ガーディアン』*（以下では『ガーディアン』）に即して考えておこう。兵役法案の準備が進められていた一九一五年一二月三〇日の時点で、『タイムズ』はこう指摘する。「社会全体に対して、兵役の強制がかつてのような恐怖をもたらさなくなったことは明らかである。……ほとんどの人たちは随分と前に決意を固めていた。兵役の強制であれなんであれ、それが勝利のために欠かせない武器として勧められるの

自由党の凋落
一九一六年一二月にロイド・ジョージがアスクィスを首相の座から追い落としたことに伴って自由党は分裂状態に陥り、一八年総選挙により分裂が固定化される。二二年総選挙では労働党に野党第一党の地位を奪われ、二三年に党の統一が実現されるものの、その後も第三党の立場から脱することはできなかった。政権に関与したのは世界恐慌とファシズムに揺れる三〇年代の挙国政権に加わった際だけである。

ジェイムズ・ラムジ・マクドナルド
一八六六～一九三七年。労働党の政治家。労働代表委員会（労働党）から一九〇六年総選挙で庶民院議員に当選、反戦のスタンスゆえに一八年総選挙では落選するも二二年総選挙で返り咲き、二四年にはイギリス史上初の労働党政権の首相となる（外相も兼務）。二九年から第二次政権を率いるが、世界恐慌に伴う財政危機への対応で労働党の

であれば、政府の求めを受けいれよう、と。」総力戦を戦うことを通じて、強制的兵役への国民の違和感は着実に和らいでおり、戦勝のために必要であれば「応分の負担」として甘受する覚悟ができている、という認識である。国民がこうした姿勢をとる一番の理由は、一月一二日の論説が指摘する次の「単純な真理」である。「もしもイングランドが打倒され、イングランドの大義が敗れてしまえば、党派的な損得やら、階級的な得失やら、個人的な成功・失敗やら、自由やら、権利やらがどうなろうが、私たちの誰にとっても、なにほどのことでもなくなるだろう。」そして、戦勝こそがなによりの重大事なのだとすれば、軍事最優先の議論が台頭することは避けがたい。一月一八日の論説はいう。「……他を圧するファクターは軍事的な必要性であり、遅延がもたらす致命的な危険性である。……必要なだけの兵士を獲得しなければ、われわれはこの戦争に負けるのだ。この点に比べれば、すべての配慮は二の次でなければならない。」こうした議論に立脚して、一月二八日の論説は、兵役法に反対する者たちは「ドイツの盟友」に他ならないとまで断言する。

『ガーディアン』の場合、『タイムズ』に比べてその論調ははるかに屈折を孕んでおり、その分、より興味深くもある。一月三日の論説は、以下の三つの論拠から兵役法案の提出を批判する。第一に、軍事主義から文明を守ることを目指すはずの戦争のさなかにイギリス自らが「軍事主義化」することの問題性、第二に、志願制が限界に達していない段階でその失敗を宣言することの不当性、

反発を招き、三一年に保守党および自由党とともに挙国政権を成立させた結果、労働党を除名される。三五年まで挙国政権の首相を務め、その後は枢密院議長となる。

『マンチェスター・ガーディアン』 一八二一年に創刊、一九五九年には『ガーディアン』と改称される。一八七二年から五七年間にわたって編集長を務めた（一九〇七年にはオーナーに）C・P・スコットの下、女性参政権への支持、第二次南アフリカ戦争への反対、といったリベラルな論調を特徴とする高級日刊紙の地位を確立した。

第三に、必要性が立証されていない徴兵制の導入が国民の結束を破壊してしまう危険性、である。また、「約束」の履行として法案を性格づけようとするアスクィスに対しても、徴兵制の導入という「革命的な変化」を矮小化したかたちで扱うべきではないし、そもそもアスクィスの「約束」は徴兵制を求める内容のものでもない、との疑問が呈される。今しばらく志願制を継続せよ、『ガーディアン』の趣旨は間違いなくこれである。一月五日の論説では、ヴォランタリな精神に溢れた国民から成るイギリスを法的強制なしには国民が責務を果たそうとしない大陸諸国のような国へと変えてしまうことなど「ほとんど考えられない」との結論がくだされる。

ただし、『ガーディアン』が徴兵制を全面的に否定していたわけではないことは、翌六日の論説から明らかである。「われわれは当初よりこう宣言してきた。志願制が戦勝に必要な人員を供給できないのであれば……徴兵制を受けいれ、それを支持するだろう、と。」徴兵制の導入を時期尚早と見なす立場は鮮明だが、同時に、『ガーディアン』には戦勝に必要であれば徴兵制を支持する用意もあった。戦勝という課題は「いかなる政治的考慮をも凌駕するもの」なのである。

兵役法の成立が確実視される情勢になると、『ガーディアン』の論調にはっきりとした変化が見えてくる。徴兵制が実施されることを前提に、それが濫用されないよう監視すべしとの主張に力点が移動するのである。一月二〇日の論説では、徴兵制はもはや不可避の現実として受けいれられているかに見える。「兵役法案の最も頑強な敵対者の一人だったJ・H・トマス氏［労働党議員］が、議会の決定を最終的なものとして支持する決然たる演説を行ったことを喜びたい。立憲的な政府が戦争を遂行するうえで、それ以外の基盤はありえないのである。」議会の決定を尊重する趣旨においてではあるが、戦時に必要以上の抵抗は控えたい、徴兵制が避けられない以上それを支えてゆくしかない、といった思いが窺えよう。戦勝最優先の原則を掲げ、国民の結束の重要性を繰り返した『ガーディアン』の立場からすれば、この期に及んで徴兵制を批判することは望ましくなかった。一月二五日の論説はより明快である。「……国制のあらゆる然るべき手順の下、この法案がわが国の法となる時には、民主的な考えをもつすべての人々はそれを受けいれねばならない。」

『タイムズ』や『ガーディアン』の論調を単純に世論の指標と見なすのはいうまでもなく危険だが、それでも、大戦の圧倒的な現実を前に、戦勝という大目標ばかりが前景化され、四の五のいったところで勝たなければ始まらない、「イギリスの自由の伝統」などドイツに敗れれば雲散霧消してしまう、といったタイプの論法が前面に出て、徴兵制を導入することの意味に関する議論が事実上棚上げされてしまったことは、おそらく否定できない。もともとは批判的スタンスをとっていた『ガーディアン』にしても、軍事主義に同調することへの批判のような原理原則にかかわる反対論はさして強調されず、むしろ、志願

図10　ソンムの戦い

制の失敗が証明されていない段階での徴兵制への移行は時期尚早だ、という手続き論が一番の論拠だった。徴兵制そのものは必ずしも批判の対象ではなかったのである。孤軍奮闘気味のサイモンが口にした次の懸念は的を射たものだったが、こうした懸念は重要な論点として扱われはしなかった。「いったん強制的兵役の原則が認められても、これ以上強制的兵役が拡大するわけではない、と本気で考えている人などいるのでしょうか？」

サイモンの懸念は早々に現実化してゆく。独身者の徴兵だけでは兵力不足が解決されなかったからである。ソンムの戦い*（図10）として具体化される西部戦線での大規模な攻勢を計画する陸軍が膨大な兵力を求めてくる中、ほどなくして徴兵制の拡張を求める声が顕在化し、労働党は反対を打ち出したものの、一九一六年五月には一八～四一歳の全男性が対象となる総徴兵制を内容とする新たな兵役法が制定される。も

ソンムの戦い
一九一六年七月一日に始まるフランス北部ソンム川周辺での戦闘。一六年の西部戦線における連合国の最も重要な攻勢であり、ヴェルダンの戦いでフランス軍が著しく疲弊していたため、連合国の主力はイギリス軍が担った。大規模にドイツ軍の前線を突破し、戦況の膠着を打開するという狙いは実現されず、四ヵ月半にわたる戦闘の末に得られたのはわずか一二キロ程度の前進にすぎなかった。イギリス軍の死傷者は約四二万に上り、フランス軍からも約二〇万、ドイツ軍からも四〇万を上回る死傷者が出た。

はや「一般にいう徴兵制」とは違うなどという強弁は不可能であった。しかも、これで落着でさえなかった。ソンムの戦いでイギリス軍から約四二万人もの膨大な死傷者が出ることもあって、以降も陸軍からの兵力増強要請は衰えを見せず、免除条件の厳格化等による徴兵対象の拡大が図られてゆく。最終的に、一九一八年四月制定の兵役法▼では兵役対象年齢の上限は五〇歳とされるに至るのである。

▼一九一八年四月の兵役法には、それまで適用対象から除外されてきたアイルランドにも徴兵制を適用する規定が含まれ、激しい反対運動を惹起するのだが、アイルランドと大戦というテーマについては別の機会に改めて論ずることとしたい。

第2章　徴兵制の運用と良心的兵役拒否

獄中の良心的兵役拒否者が隣の受刑者にいう。「奇妙なもんだね。君は人を殺して捕まり、僕は人殺しを拒んで捕まるなんて。」(Peace Pledge Union; PPU archives)

1 兵役免除審査局

良心的兵役拒否者（Conscientious Objectors、以下ではCOs）とは、兵役法の良心条項に基づいて、兵役の免除を求めた者たちのことである。本章では、COsにかかわる問題に焦点を合わせながら、イギリス史上初めて導入された徴兵制がいかに運用されたか、そして、徴兵制に対していかなる抵抗の動きがあったたか、を見てゆくこととしたい。

兵役法の規定によれば、兵役免除を申請できる根拠は以下の四つ、すなわち、（一）戦闘以上に「国にとって重要」と思われる仕事に従事していること、（二）唯一の稼ぎ手《ブレッドウィナー》として扶養すべき者がいること、（三）兵役遂行が無理なほど健康を害していること、（四）「戦闘業務の遂行を拒む良心」を有すること、であった。（四）にいう「良心」のカテゴリーを特定の宗教的信条に限定することなく広くとり、戦闘業務の免除のみならず全面的な兵役免除の可能性をも認めたこの兵役法が、他国の徴兵制と比較して「寛容」な性格のものだったことは否定できない。しかし、急ごしらえの良心条項にはどうとでも解釈できる曖昧さが残されており、「寛容」な規定が実践的にどのような意味をもつかは、運用の当事者＝兵役免除審査局の裁量に委ねられるところが大きかった。兵役法にわずかばかり込められたリベラリズムの意図は、兵役免除審査のプロセスで概して裏切られてゆくのである。

兵役免除審査局は、地方審査局↓上訴審査局↓中央審査局という三層構造をとり、免除申請者には上訴の権利が認められていた。しかし、地方審査局の裁定が覆ることは稀で、「第一審」こそが申請者の命運を決定的に左右した。地方審査局と中央審査局は兵役法に基づいて新たに設置されたわけではなく、ダービ計画の際に設けられた、入隊意志を「誓言」した者が召集の先送りを申請する場合の審査機関が横滑りしたものであった。したがって、新たなメンバーが追加されることはあったにせよ、審査局メンバーの中核を成したのはダービ計画の時と同様の人々だったのだが、中立の立場で免除申請を審査すべき裁定機関において募兵運動を熱心に推進してきたような者たちが多数派を占めてしまったことには、重大な問題が孕まれていたといわねばならない。審査の公平性に疑問が出てくることが避けられないからである。実際、とりわけ地方審査局には募兵運動の雰囲気が濃厚に持ち込まれ（地元の募兵委員会の委員長が審査局の議長になるような事態は珍しくなかった）、免除はなるべく認めたくないとのムードが支配的となった。免除申請に「甘い」裁定をくだす傾向のあったメンバーが馘首《かくしゅ》された例もある。各々の審査局は五～二五人で構成されたが（定足数は三）、多かったのは市長や町長、地方議会の議員、といった地元の有力者で、法の専門家が加わるケースは稀だった。

地方審査局に関してもう一つ重要なのは、必ず陸軍代表（多くの場合、退役士官）が審査に陪席したことである。ここで確認しておくと、数多くの兵士を必要としたのは圧倒的に陸軍であり、したがって、新兵調達に関する管轄官庁となったのも陸軍省であった（さして人員を必要としない海軍に依拠できたことは、イギリスが徴兵制なしでやってきた大きな理由である）。そして、審査の場において陸軍代表という戦争の専門家の影響力はしばしば絶大であった。彼らが一人でも多くの兵士を求める管轄官庁の意を体して審査に臨んだことは、一九一六年五月に閣議に提出された陸軍省のメモから容易に推察できる。「もしも、宗教的ないしその他の根拠による兵役拒否が自分を危険から遠ざけるのに有効であることがわかれば、この逃避の手段をうまく使おうとする者たちが多数に上るであろう。とりわけ、戦闘がますます厳しくなり、死傷者がいよいよ増えているだけに。」免除認定を極小化すべく努める、これが陸軍代表に期待される役割であった。

ＣＯｓの問題に対応する陸軍省の責任者となったのは、総務幕僚（人事管理責任者）ネヴィル・マクレディ、彼の部下である募兵局長オークランド・ゲディス、人事局長（軍規担当でもある）ウィンダム・チャイルズであるが、彼らの間では良心条項に基づく兵役拒否を不当視する姿勢は一貫していた。マクレディは、「宗教的であれなんであれ、いかなる理由があるにせよ、祖国の防衛のために役割を果たすことを拒否する者たちの心のありように、私はまったく共感できなかった」というし、チャイルズの認識によれば、ＣＯｓの「唯一の目的」は「危機にある祖国を見捨てる」ことに他ならなかった。

また、徴兵制の導入自体が期待されていたほど兵力不足の問題を解消したわけではないことも、確認しておくべきだろう。実際のところ、徴兵制の施行から一年間で、なんらかの兵役免除を認められた者の数は徴兵による入隊者の二倍以上であった。徴兵制の導入は兵力不足を解消するどころか、少なくとも当初の段階では、ＣＯｓへの対処という新たな難題を突きつけるばかりだったのである。

2　良心的兵役拒否者たち

良心条項に基づく兵役免除を申請した者はトータルで約一万六五〇〇人（入隊者数の〇・三三％）、ＣＯｓとなったのはどのような人々だっただろうか？　誰もが予想したのは信仰を根拠とする者たち、とりわけあらゆる戦争をキリスト教精神に反するものと見なす平和主義で知られたクエイカーである。「彼らの信条は以前から確立されたもので、一貫しており、大戦によって影響を受けてもいなかった」とはマクレディのことばであり、陸軍省まで含めて、クエイカーを特別の存在と見る発想は広く浸透していた。ただし、クエイカーなら誰もがＣＯｓとなったわけではなく、兵役対象年齢のクエイカーの男性のうち、ＣＯｓの道を選んだのは四五％にすぎず、入隊した者も三四％に上った。平和主義を標榜する宗教集団としては、クエイカー以外にも、至福千年信仰派、イェホヴァの証人、プリマス同胞教会、等があり、特に至福千年信仰派の申請者はクエイカーよりも多かった。しかし、これらのマイナーな宗派について多少とも理解していた審査局メンバーがきわめて少なかったため、裁定はクエイカーに対してよりも厳しくなりがちであった。

宗教的なそれ以外の根拠によって免除申請をした者たちは、しばしば非難の意味を込めて「政治的拒否者」と呼ばれた。数的には「宗教的拒否者」をしのぎ、中でも最も多くの「政治的拒否者」を輩出したのが、明確に反徴兵制の立場を打ち出すほとんど唯一の政党といってもよい独立労働党*（Independent Labour Party、以下ではＩＬＰ）であった。軍事主義と民主主義とは両立しえない、労働者には相互に殺しあう理由などない、ＩＬＰのスタンスは明快である。ＩＬＰ全国運営評議会が一九一五年一一月に採択した決議は、信仰とは異なる根拠に依拠するＣＯｓの姿勢を最大公約数的に表現したものといえる。

> ……強制的兵役を課そうとする動きの背後にある動機は、産業や政治の領域における民主的制度の今後の発展を絶えず脅かすような強力な反動的武器を得たいという狙い以外にはありえない。それはまた、将来の幾多の戦争を不可避的に導くであろう外交政策を統治階級が遂行することをも可能にするだろう。全国運営評議会はさらに、このような強制的兵役が、大陸諸国との間の主要な相違であるイ

独立労働党
一八九三年に創設された社会主義政党。「独立」ということばに込められたのは、それまで労働者の声の受け皿とされてきた自由党から自立し、労働者階級出身の自前の議員を輩出しようとの意図である。一九〇〇年の労働代表委員会（労働党）の設立にあたっても重要な役割を果たし、労働党の構成団体として党内で急進派・反戦派の位置を占めた。

ギリスの市民的・政治的自由の基盤を深刻に害するであろうことをはっきりと述べておきたい。それゆえ、全国運営評議会は、わが党の党員に対し、徴兵制の押しつけに最大限のあらゆるやり方で抵抗するよう呼びかける。われわれの奮闘にもかかわらず、もしもこの制度が強行される場合には、全国運営評議会メンバーはその運用に抵抗することを誓う。個々の党員が自らの良心が命ずるに従って行動する権利をもつことを認識し、全国運営評議会は、こうした強制に屈することを拒む個々の党員をもてる限りの力で守るだろう。

注目すべきは、すべての党員に兵役拒否を呼びかけているわけではないことだろう。兵役に対する態度を決めるのはあくまでも個々の人間の良心なのであって、良心の命ずるままに行動する権利は絶対的である。そして、徴兵制が否定されねばならないのは、まさにこの権利を侵犯するからであった。言い換えれば、兵役自体というよりも（あるいは、戦争自体というよりも）、個々の人間の良心とは無関係に国家が兵役を強制すること、自分のみならず他者の生死にまでかかわる重要な決断を当該の個人ではなく国家がくだす事態になることこそが、徴兵制に内包される悪の本質であった。

こうした論じ方から推察できるように、「政治的拒否者」の全員が戦争全般を否定していたとは限らないことも記憶されるべきである。彼らの中には、あらゆる戦争を非道徳的と見なして全面否定する者たち（絶対平和主義者）と、自らの大義に適った戦争なら（たとえば、社会主義実現のための戦争なら）厭うつもりのない者たちの両方が含まれていた。一口にCOsといっても、一枚岩的な存在ではなかったのである。

意図のレヴェルで見るなら、COsは三つに分類されうる。第一に、戦闘業務に就くことは拒むものの、陸軍に入隊して教練を施され、非戦闘的な軍事業務を遂行することは受けいれる者たちであり、一九一六年三月に特別に設置された陸軍の非戦闘部隊（Non-Combatant Corps、以下ではNCC）所属の兵士となるのが原則であった。物資の搬送、軍用道路の造成、宿営地の設営、といった業務が想定されていたわけだが、戦闘業務と非戦闘業務との間の線引きは決して簡単ではなく、戦闘業務と思しき任務を命令されることもあったし、たとえば武器の運搬を拒んで軍法会議にかけられた者もいた。NCCの兵士が戦闘業務を遂行せざるをえなくなるような圧力が陸軍にあったことは、マクレディも認めている。「非戦闘部隊はよい仕事をした。私が思うに、陸軍の兵士たちから浴びせかけられる嘲りによるところが大きいのだろうが、多くの者たちが時には戦闘業務を志願したりもした。」

第二に、入隊はせず、政府の管理の下で「国にとって重要」な非軍事的代替業務を遂行することはよしとする者たち、いわゆるオルタナティヴィストである。兵士にならなくてすむという意味で、この選択肢は多くのCOsにとって受けいれやすいものだったが、この場合も、いかなる代替業務に就くかは大問題であり、軍需品生産のような戦争とのつながりが明瞭な業務を嫌忌するCOsは多かったし、名目だけの代替業務に就いて実際には反戦・反徴兵制の運動に専念したCOsもいた。

第三に、あらゆる業務の遂行を拒否する者たち、彼らは絶対拒否者と呼ばれた。彼らの認識では、NCCの非戦闘業務はもちろんのこと、陸軍の外で行われる代替業務であっても、結局のところ戦争への協力である点ではなんら違いはない。受けいれ可能だったのは全面免除のみだが、それは稀にしか認められず、NCCの立場もオルタナティヴィストの立場も拒否してしまう彼らに残されたのは、陸軍や政府と正面から対決する道だけであった。

3　審査と裁定

審査について考える際に忘れてはならないのは、各々の申請に関する聴取や審議に充てられる時間がせいぜい数十分（場合によっては数分）と、ごく短かったことである。第1節で列挙した（一）〜（三）の根拠による免除申請は良心に基づくそれよりもはるかに数が多く（COsの申請は全体の二％以下）、審査局は処理しきれないほどの案件を抱えることになりがちであった。申請の内容について充分な検討が行われたと期待する方が無理だったのであり、結果的に、同様の条件のCOsに対してまったく異なる裁定がくだされるなど、審査が恣意的なものとなることは珍しくなかった。このことは、審査の場で常套的に用いられた「ドイツ兵が貴方の母親をレイプしようとしていたら、貴方はどうするつもりか?」という質問からも察知できるだろう。審査の実態に少なからぬ不備が孕まれていることは議会やジャーナリズムでも問題とされたが、一九一六年六月になってようやく地方行政院が審査マニュアルを作成するまで、こうした実質を欠いた審査がまかり通った。

審査プロセスのうちで最も重要な申請者からの聴取は、以下のような条件で行われた。聴取の場は原則として公開、傍聴や報道も可能、申請者は助言者を伴うことができ、多くの場合、事前に受け答えの「練習」を積んだ。証人が招請される、あるいは書面による証言が求められることもあった。また、陪席する陸軍代表には申請者に質問をする権利があり、彼らの介入が裁定に強く影響を与えた事例は少なくない。陸軍代表の陪席を通じて、できるだけ多くの兵士を獲得したいという陸軍の意志が審査に持ち込まれ、審査局メンバーの多くが募兵運動の延長のようなつもりで審査にあたった事実と相まって、COsにとって厳しい条件をかたちづくっていたことになる。こうした場で自分の立場を明確に語り、兵役拒否の正当性を印象づけるのは容易な作業ではなかった。

聴取の具体例を紹介しておこう。とりあげるのは南ヨークシアの炭鉱町カニズブラの教員バート・ブロックルズビ、敬虔なメソディスト*として教会活動に献身し、開戦時で二五歳という若さにして、地域社会の中心人物ともいえる存

メソディスト
一八世紀半ばにジョン・ウェズリによって創始された非国教プロテスタントの一派。もともとはイングランド国教会内の改革派であったが、ウェズリ死後の一七九五年に独立の宗派となる。産業革命に伴う社会変動に対応しようとする信仰復興運動の性格を強くもち、とりわけイングランド北部の新興工業地域の労働者階級への浸透に成功した。禁酒・禁煙をはじめとする質実な生活スタイルを重んじる。

在であった（図11）。良心に基づく兵役免除を申請した彼は、ドンカスター地方審査局での聴取に出頭した。

係官　貴方の良心は、貴方の国はもちろんのこと、貴方自身や貴方が大切にしている人たちを守るためであっても、武器をとることを禁ずるのですか？
申請者　はい、仰る通りです。
係官　私が貴方を殴った場合でも、良心ゆえに殴り返さないのですね？
申請者　私の原則に従うなら、殴り返すことなどできません。
……
係官　反対の頰を差し出すわけですか？
申請者　逃げようとするかもしれません。あくまでも仮定の話ですし。
係官　敵がカニズブラ城にまで迫り、貴方や貴方が大切にしている人たちが悪辣で卑劣な攻撃の危険にさらされているとして、そんな場合でも人々がすっかりやられてしまうのを傍観するというのですか？
申請者　仰っていることはあくまでも仮定ですから……
係官　同じようなことが起こった国があるのですから、本当のことと想定しましょう。さしあたり、本当にそんな状況になったと想定してください。ほしいのは端的な答えです。貴方の良心は敵に反撃することを禁ずるのかどうか？
申請者　間違いなく、私は反撃したりはしないでしょう。何人にあっても、生命

図11　ブロックルズビ兄弟。右端がバート（University of Leeds, Liddle Collection）

を奪うことは許されません。

係官　女性や子どもが切り裂かれるのを傍観していて、抵抗のために剣を抜こうとはしないのですね？

申請者　敵を妨げる最善の努力はするでしょう。しかし、この話はあくまでも仮定であって、もっと早くに逃げるチャンスもあったかもしれません。

係官　逃げ出すわけですか？

申請者　仰る通りです。

……

係官　ちょうど今戦争が起こったとして、カニズブラで貴方が五～六人の仲間と一緒に戦えば五〇〇人もの可哀そうな女性や子どもを助けることができる場合、彼ら彼女らを救うためにベストを尽くそうとはしないのですか？

申請者　生命を救うためにベストを尽くすでしょう。ただし、敵の生命を奪うことはしません。

……

議長　私には納得がゆかない。殺されそうになっている女性や子どもを守るために力を尽くさないのであれば、殺されてしまった女性や子どもに対して、貴方には自分で彼ら彼女らの生命を奪ったのとまったく同じだけの責任があると私は考えるのだが。（「傾聴」の声）

係官　政府が貴方に掃海艇の仕事を提示したとして、機雷の除去は生命を救うことになるのではないですか？

申請者　掃海艇が除去するのはドイツ軍の機雷だけです。イングランド軍の機雷も一緒に除去することは許されません。

……

係官　掃海艇で働くつもりはないわけですね？

申請者　ありません。

係官　危険すぎるからですか？

申請者　自分の原則のために死ぬ覚悟はできています。私はすべてのイングランド人の良心の自由のために立ち上がっているのです。良心的拒否は証拠によって証明することはできません。唯一の証明方法は、良心的拒否のために苦難を被る、必要であれば死ぬ覚悟をすることです。国のために生命を犠牲にする覚悟のできている人々が何千何万といる一方、もっと高次の原則のために犠牲を払う用意のある者がいなかったら、情けないことでしょう。

……

審査局の裁定は、戦闘業務からの免除は認めるが、申請者が求める全面免除は認められない、NCCに配属されるのが妥当、というものであった。もちろん、ブロックルズビはこの裁定に納得せず、上訴の手続きをとる。しかし、上訴審査局でこの裁定が覆されることはなく、NCCへの入隊が確定した。陸軍からの召集に応じなかったため、彼は逮捕のうえ警察から陸軍へと引き渡されることになる。
多少の違いはあっても、多くのＣＯｓが経験した聴取とはこうしたものであった。いささか極端な例になるのが、一九一六年三月四日のホウボーン地方審査局におけるそれである。

審査局メンバー　貴方は何時に起きますか？
申請者　朝七時から八時の間です。
審査局メンバー　寝るのは何時ですか？
申請者　大抵はやや遅くなってからです。
審査局メンバー　どんな運動をしますか？
申請者　仕事には歩いてゆきますし、機会があれば散歩するようにしています。
審査局メンバー　ほとんど運動はしないわけですね？
申請者　はい。
審査局メンバー　散歩もしないいし、自転車にも乗らない。日曜日にはなにをしますか？
申請者　仕事をしたり、教会に行ったり、時間があれば散歩をします。
審査局メンバー　風呂にはいつ入りますか？
申請者　非常によく入ります。

審査局メンバー　貴方の外観から見て、よく風呂に入っているとは思えませんが。

これだけ無内容な聴取の末、審査局は申請者の良心的拒否は認められないとの裁定をくだした。

聴取がどれほど頼りない内容のものであれ、審査局の裁定はCＯｓのその後の歩みを決定的に左右した。全体の傾向を見ると、宗教的な根拠を持ち出した者たちはそうでない者たちよりも好意的な裁定を得るのが通例で、特にクエイカーの場合、なんらかの免除を認められなかった事例はごく少数である。わずか三五〇件ほどしかない全面免除の認定を与えられたのも、ほとんどがクエイカーであった。逆に、「政治的拒否者」と見なされた者たちが満足のゆく裁定を得ることは難しかった。

裁定の際に問題となったのが、全面免除を認めることは可能か否か、である。この点にかかわる兵役法の条文はいかにも曖昧で、たしかに混乱が生じても不思議ではなかった。全面免除は可能であるというのが政府見解だったにもかかわらず、多くの審査局では、CＯｓには全面免除は許可できないとの解釈が採用された。一九一六年三月二三日、全面免除を含むあらゆる種類の免除がCＯｓに与えられうることが改めて通告され、さらに、同年五月の新たな兵役法にはこの点が明記されたが、しかし、政府の解釈を審査局が素直に受けいれたわけではなく、全面免除に消極的な姿勢は大きくは変わらなかった。

曖昧ということでいえば、「国にとって重要」な業務とは具体的になにかも兵役法にはまったく規定されていなかった。一九一六年三月二八日になって、商務院内に「国にとって重要な仕事に関する委員会」(ペラム委員会)が設置されるが、ペラム委員会が「国にとって重要」な仕事のリストを発表したのは四月一四日、審査局が活動を始めてから既にかなりの時間が経過しており、明らかに遅きに失していた。それ以前の段階では、「国にとって重要」な代替業務に就かせる、という選択肢自体が絵に描いた餅に近かったわけである。したがって、当初の段階で認定された免除の多くが戦闘業務のみからのそれであったのは、ある意味では無理もなかった。ペラム委員会によるリストの発表以降、非軍事的代替業務に就くことを条件とする兵役免除の認定が増えてゆくことは事実だが(最終的にはNCC入隊の裁定とほぼ同数となる)、NCCへの入隊こそが最も適切な免除の形態であるという認識は根強く残った。

裁定に関してなによりも確認しておくべきは、申請者の八割以上になんらかの免除が認められたこと、換言すれば、審査局が偏見や不寛容のままに敵対的な裁定ばかりをくだしたわけではないことである。ただし、全面免除はきわめて稀であった(申請数の二%程度)。

そして、裁定への対応において、COsはそれを受けいれ

図12　陸軍に引き渡されるCO

る者と拒む者とに分かれる。後者は四割弱と決して少なくなかった。たとえば、ＮＣＣ入隊の裁定をくだされたもののそれを拒否したＣＯｓをどんな展開が待っているのか、簡単にイメージしておこう。彼らにはある時点で陸軍から召集令状が来る。召集に応じなければ、脱走兵としてまず警察に逮捕されることになる。罰金を科せられたうえで、彼らの身柄は警察から陸軍に引き渡され（図12）、この瞬間以降、兵士として文民には適用されない軍法の支配下に置かれる。軍法の下、軍服を着ない、書類にサインしない、といった命令不服従の行動を陸軍の兵舎で繰り返せば、営倉（懲罰のための拘禁施設）に入れられるばかりでなく、いずれは軍法会議にかけられることが避けられない。そして、程度の差は小さくないものの、こうした抵抗の道を選択するＣＯｓは約六〇〇〇人に上った。これらのＣＯｓはいかに処遇されるべきか、徴兵制の運用をめぐって浮上してくる次なる難問はこれであった。

4　陸軍における処遇

命令不服従をつづけて軍規を撹乱するＣＯｓは、陸軍にとって厄介な存在であった。マクレディは、陸軍がとるべき姿勢について次のように述べる。「……ある男が審査局の裁定によって兵士として陸軍当局にいったん引き渡されたら、この男が自らの任務の遂行を拒む理由はなんだろうか、などと陸軍当局は忖度《そんたく》する必要はない。あらゆる指揮官の明らかな務めは、自らが行使できる正当な手段を用いて、引き渡されてきたすべての男を有能な兵士にすべく全力を尽くすことである。」こうした務めを遂行しようと思えば、命令に従わないＣＯｓには懲罰を与えることが必要になる。あくまでも軍法の枠内であったとはいえ、ＣＯｓへの懲罰については現場の裁量に左右される程度が大きく、中には「虐待」との批判を受ける事例もあった。

ＣＯｓの処遇に問題ありとして解任されたワンズウォース兵舎の営倉所長レジナルド・ブルックのことばからは、軍人なりの理屈を窺うことができる。

ある程度手荒く扱われた者がいたことは間違いない。彼らを扱う方法は他にはなかったし、彼らが肉体的に傷つけられたわけでもない。……私は彼らを特別な部屋に全裸で収容したが、その気にさえなればすぐに身に着けられるように、軍服・装備一式を床に置いておいた。数時間にわたって全裸のまま頑張る者もいたが、彼らは段々と避けがたい選択を受けいれていった。私の管理下に置かれた四〇人の良心的兵役拒否者たちは、今ではきわめて意欲的な兵士になっている。

ＣＯｓを一人前の兵士にすることが自分の任務だ、という理屈を介在させることで、「虐待」を正当化できたわけである。軍規に責任を負う立場にあったチャイルズも、「虐待」の事例があったことを認めている。「私は二つの相対立する感情の間で引き裂かれているように感じたものである。たいていの良心的兵役拒否者に対して覚える軽蔑感と、野蛮な処遇を受けている良心的兵役拒否者の特殊なケースに遭遇した際、抑えきれなくなる同情とにである。時に虐待のケースがあったことを伝えねばならないのは、悲しいことだ。」

しかし、COsへの懲罰は必ずしも期待されたほどの効果を生まず、命令不服従は後を絶たなかった。次なる対処法が必要になるわけだが、特にスキャンダラスと受けとられたのが、COsのフランスへの移送という措置であった（一九一六年五月以降、数十人を送致）。この措置に含意されているのは銃殺刑の可能性に他ならない。なぜなら、「戦場」であるフランスに配置された兵士は「戦闘中」のステータスに置かれ、「戦闘中」の兵士による命令不服従は「教練中」のそれよりもはるかに重い懲罰、場合によっては銃殺刑の対象となりえたからである。銃殺刑ならずとも、「戦場」では厳しい懲罰を科すことが可能となり、しばしば用いられたのは悪名高い「はりつけ」（図13）、毎日数時間ずつ鉄条網や大砲の台車にくくりつける懲罰であった。

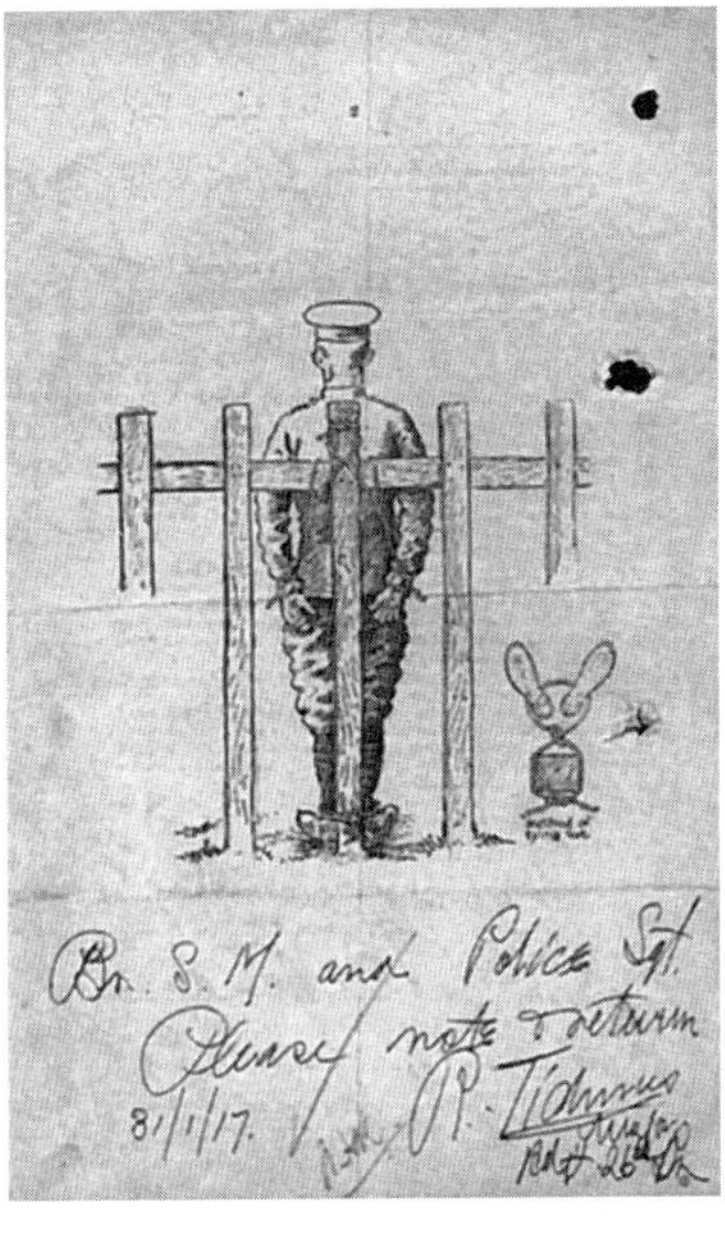

図13　「はりつけ」（PPU archives）

フランス移送の問題が浮上する以前から、反戦・反徴兵制のスタンスで知られた労働党議員フィリップ・スノーデン（図14）は、COsへの銃殺刑の可能性について庶民院でとりあげていた。一九一六年三月二二日、「兵役法によって強制的に入隊させられた人物が軍法に服すことを拒否したとして、彼はこうしたケースに科せられる最も重い懲罰［銃殺刑］を受けることになるのでしょうか？」とのスノーデンの質問に対し、地方行政院総裁ウォルター・ロングが否定的な答弁をした一方、陸軍省次官ハロルド・テナントは「他のあらゆる兵士たちとまったく同じように軍法の適用を受けるのは当然」として、銃殺刑の可能性を実質的に認めた。地方行政院と陸軍省との間で見解が相違しているのであり、命令不服従を繰り返すCOsに銃殺刑を適用できる、という解釈が必ずしも自明ではなく、政府内にも統一見解がなかったことがわかる。

当初は政府にも秘密で行われたフランス移送の事実が明らかになり、事態の緊迫が伝えられてきたぎりぎりの段階になって、アスクィスは、政府が許可しない限りCOsの銃殺刑を執行してはならないと命令し、問題の収拾を図る。一九一六年六月二日には、とうとうフランスで命令不服従をつづけていたCOsの軍法会議が始まり、三四人に銃殺刑が言い渡されることになるが、アスクィスの命令通り、判決には一〇年間の懲役刑へと減刑する趣旨の一文が添えられた。刑に服すべく、フランスのCOsはイギリスへと送り返される。

銃殺刑を言い渡されたCOの回想を紹介しよう。

図14　スノーデン

六月九日月曜日、私たちは言い渡しを受けることを告げられた。……町はずれの方へ向かい、ドーヴァー海峡の眺望が得られる町を囲む丘の一つに上った。私は何度もドーヴァーの白い崖の方向へと目をやった。これが私たちにとって最後の機会になるかもしれないのだから。……然るべき静寂が確保されると、判決の言い渡しをする役割の副官が読みあげを開始した……「歩兵……、非戦闘部隊第二イースタン中隊所属第……番［兵士の名前と番号は伏せられている］は、戦場での懲罰を受けるにあたって命令不服従を犯したかどで戦場軍法会議において裁かれ、銃殺刑を宣告される。」長い沈黙があり、「［この判決は］サー・ダグラス・ヘイグ将軍［西部戦線のイギリス遠征軍最高司令官］によって承認され」、さらに長い沈黙があって、「一〇年間の懲役刑に減刑される。」……私はリストの三番目で、順番が来て一歩前へ出た際に、副官に手渡される私の判決を記した書面を一瞬だけ覗くことができた。書面の冒頭に大きな赤い印字で書かれ、二重下線を施されていたことばは「死」であった……

　このことばを目にした時に心をよぎった閃光のような思いを分析することなど、私にはできない。それはたしかに感情と表現できるものではなかった。私は以前にも死刑の可能性に直面したことがあり、この時にはその事実をほとんどなんの思いもなく受けいれた。同時に、私は実務的かつ淡々と直接の現実的な影響について考えていた。母にとっては厳しい試練になるだろう。妹は学校を辞めねばならなくなるだろう。イングランドの国民は大騒ぎをすることだろう。なぜ自分が他の仲間たちとは違う判決を受けるのか、という考えは浮かんでこなかった。私は単純に判決を事実として受けとめたのである……

「一〇年間の懲役刑に減刑される。」結局のところ、銃殺刑ではなかったのだ！

残る仲間たちの判決を聴いている間、私はこみあげてくる喜びと勝利の思いに充たされていた。そして、世界がまだ理解していないが、いつの日か大変に貴重な遺産として大切にすることになるであろう真理に誓いを立てた数少ないCOsの一人であることに、特権的な誇りを感じていた。

なお、COsのフランス移送という措置はこれでなくなったわけではなく、以降も何度か繰り返された。

それでは、多分に脅しの色彩が濃厚とはいえ、実際にCOsに銃殺刑が言い渡されるまでに至った顛末を、どのように解釈すればよいのだろうか？　心情的にはどうしても「陸軍の暴走」説に傾きたくなるところだが、しかし、軍法がCOsの存在を想定していなかったことにこそ問題の根幹があったと考えるべきだろう。抵抗の道を選んだCOsの数が陸軍の予想を大きく上回り、なんらかの措置をとらずに彼らの命令不服従を黙認するわけにもゆかなかったことと相まって、この点が陸軍によるCOsへの対処を難しくした一番の要因といえる。「見せしめ」にはなったかもしれないものの、世論の反発もありえただろうから、陸軍もCOsの処刑を積極的に行いたかったとは思えないが、軍法を粛々と適用してゆけば、銃殺刑判決のような事態が出来することが避けられなかったのである。このような意味で、対処のための法をもたないまま、多くのＣＯｓを抱え込まされてしまった陸軍もまた、ある種の被害者だったといえるのかもしれない。

5　内務省スキーム

陸軍省首脳部では、新たな方針の模索が始まっていた。彼らがＣＯｓの抵抗にうんざりしていたことは、チャイルズの回顧録からも伝わってくる。「……私自身の時間とエネルギー、そしてかなりの数に及ぶスタッフの時間とエネルギーの少なくとも五〇％が、危機にある祖国を見捨てることが唯一の目的であるかのような者たちのために法に即した正義を確保するのに浪費されてしまったのは、思い返すにつけ残念なことである。」一九一六年五月一五日付けのメモランダムで、マクレディは、軍規を脅かすＣＯｓに関して陸軍としては責任を負いたくない旨を閣議に伝え、これに応じて、「前線の兵士と同じくらい厳しい条件で」ＣＯｓを労働させるため、陸軍省ではなく内務省が管轄するプロジェクトを発足させる方針が決定された。ここから出てくるのが軍令Ｘ（軍規に反するＣＯｓを陸軍の営倉ではなく文民用刑務所に収容する）と内務省スキーム（文民用刑務所に収容されたＣＯｓを釈放のうえ、「国にとって重要」な業務をやらせる）であり、後者を実施する機関として内務省にブレイス委員会が設置される。

スキームの手順は以下の通りである。（一）文民用刑務所に移されたＣＯｓの免除申請について中央審査局が再審査を行う、（二）中央審査局によって兵役を拒否する「真正」な良心をもつと認定されたＣＯｓは刑務所から釈放され、ブレイス委員会の下で就労する、（三）「真正」と認定されなかったＣＯｓは刑務所に残される。再審査の結果は約八割はスキームに適格というもので、一九一六年に限れば、実に九割近くが適格の認定を受けた。こうした「甘い」裁定の背景には、ＣＯｓをめぐる面倒をスキームによって解消したいという思いがあったわけだが、結果的に、手に余るほどの数のＣＯｓがスキームに送り込まれることともなった。

もちろん、適格の認定を受けたＣＯｓの中には、スキーム就労を拒否し、獄中で刑期を全うする道を選ぶ者もいた。スキームを受けいれてオルタナティヴィストとなることを「屈服」「背信」と考える人々である。とはいえ、営倉や刑務所を経験した者の多くにとって、出獄を可能とするスキームの誘いはやはり魅力的であり、「真正」とされたＣＯｓのうち多数派はスキームで就労する道を選んだ。数値をあげておけば、一九一六年八月から一九一九年四月まで、ブレイス委員会の下で就労したＣＯｓはのべ四一二六人である。

しかし、現実のスキームは総じて就労者を失望させ、その意欲を阻喪させるばかりであった。ＣＯｓには教員のようなそれなりのインテリが多かったのだが、スキームが与える仕事のほとんどは彼らの能力や素養を活かすことのない単調な肉体労働であり、それに加えて、低賃金（私企業の最低賃金水準の三分の二程度）で居住条件も悪かった。こうした事態の背景には、「負担の平等」を求める世論の存在があった。ＣＯｓが前線の兵士たちよりも恵まれた状況にあるなどということは許容できない、塹壕での戦闘と同じくらいの苦難が与えられてしかるべきだ、といった感情は多くの国民に共有され、ブレイス委員会としても、「不当な優遇」との印象を与えないことに配慮しなければならなかったのである。さらに、あえてＣＯｓを引き受けようとする雇用者がほとんどいなかったため、ブレイス委員会は自前のワーク・センターにＣＯｓを送り込むしかなく、ＣＯｓの能力や希望に対応することはきわめて困難であった。結局、スキームが提供したのは、いかにも懲罰的な集団労働ばかりになってしまうわけである。

一九一六年八月に開設されたアバディーン近郊ダイスのワーク・センターについて一瞥しておこう。約二五〇人のＣＯｓが道路建設・補修にあたるというのが当初の構想だったが、実際に行われたのは採石の作業だけであった。食事も不足しがちで、秋になって雨が降りはじめると、支給されたテントで寝起きすることはほとんど不可能となった。このような条件で採石を連日約一〇時間も繰り返すことは、獄中生活によって健康を害しているケースも少なくなかったCOsにとって、懲役とほとんど違わなかった。ワーク・センターを視察したラムジ・マクドナルドはいう。「私が指摘したいのは、これは国にとって重要な仕事ではない、ということです。有用な仕事でもありません……就労者たちはただ、自分たちは懲罰を受けている、国家は自分たちを罰したいがためにこの仕事をせよと要求したのだ、と感じています。」九月には病死者さえ出たため、道路建設・補修には未着手なまま、一〇月末をもってワーク・センターは閉鎖される。ちなみに、ダイスの就労者の中には第3節に登場したバート・ブロックルズビ（フランスに送致されたCOsの一人でもあった）もいたが、一般道の建設・補修のためのものと聞かされていた自分たちの切り出す石が実は軍事目的に使われることを知ったため、単身ワーク・センターから脱走している（六日後に逮捕）。

ダイスに見られたような問題点は他の多くの現場にも共通し、個別の労働拒否、組織的なストライキ、逃亡、地域住民との暴力沙汰、といったトラブルが各地で相次ぐことになる。プリンスタウン・ワーク・センター（ダートムーア）のスキーム就労者が採択した次の決議は、オルタナティヴィストの抱く不満をよく表現している。「……当地の就労者には理性的な精神で与えられた仕事を遂行する用意があるが、内務省委員会によって課された懲罰的な性格の仕事には抗議し、……本当に重要な文民的労働［非軍事的な労働］を与えることを要求する。」この文面にあるように、スキーム就労者に「国にとって重要」な仕事をする用意があったのだとすれば、スキームは充分な成功の見通しをもちえたはずであるが、現実には彼らの思いを持続させるだけの条件が整えられることはなかった。合計で二七人もの死者を出しながら、一九一九年四月まで存続するとはいえ、スキームの失敗は早々に明らかになってしまったのである。

6　絶対拒否者の獄中生活

ＮＣＣの非戦闘業務であれ「国にとって重要」な代替業務であれ、あるいは、内務省スキームの労働であれ、いっさいを拒んだＣＯｓは絶対拒否者と呼ばれた。たとえ戦争に関係ないかに見える仕事であっても、ＣＯｓがそれを遂行することでＣＯｓではない人々の労働が不要となり、結果的に彼らが兵役に回されるという意味では、戦争への協力に他ならない、したがって、全面免除以外は受けいれるべきでない、単純化してしまえば、絶対拒否者の言い分とはこうしたものであった。「国にとって重要」という表現は、彼らの認識では、「戦争遂行にとって有用」と言い換えることが可能なのである。絶対拒否者の数は一三〇〇人程度と推定され、ＣＯｓ全体の一割にも充たなかったことになるが、ＣＯｓのうちでも世論に対して最も強いインパクトを及ぼしたのは彼らであった。

形式のうえでは彼らは陸軍の兵士であるから、上官の命令に従おうとしなければ、当然にも軍法会議で裁かれて懲罰を受ける。軍令Xの発布以降、彼らの懲罰は文民用刑務所への収容という形態をとった。そして、刑期を全うすると、陸軍の所属ユニットに戻されるわけだが、懲りずに再び命令不服従を実践するなら、またしても軍法会議を経由して刑務所に帰ってくることになる。絶対拒否者を待っていたのは、こうしたサイクルであった（最多で六回服役した者がいた）。

刑務所によって若干の違いはあったものの、絶対拒否者の獄中生活は間違いなく苛酷だった。刑期の最初の一ヵ月は一日四〇分間の運動以外は独房で完全分離の状態に置かれ（最初の二週間は満足な寝具も与えられない）、他の囚人と接することが許されるのはそれ以降、刑務所の外と手紙をやりとりしたり面会者（上限は三人）に会ったりすることが可能になるのは二ヵ月後からであった。それ以降は、六週間に一回→一ヵ月に一回、といった調子で間隔が短くなるが、手紙は厳しく検閲され、刑務所内のニュースや公的な出来事には言及できなかった。労働は一日一〇時間、入浴は週に一回、食事は一日二〜三回で、主たる食べ物はパンとオートミールであった（懲罰房に収容された場合は、毎日ではないにせよ、パンと水のみ）。これらの規則は時間の経過とともに徐々に緩和されてゆくし、友好的に接してくる看守も少なくなかったようだが、それでも、刑に服す者たちからすれば、「人間性に対する犯罪」と呼びたくなる条件であった。クエイカーにして社会主義者であり、絶対拒否者として二度にわたり投獄されたヒューバート・W・ピートの言では、こうした刑務所規則こそ「ことばの真の意味においてプロイセン的」であった。

反徴兵制フェローシップ（第3章を参照）の最高指導者として三度の獄中生活を経験したクリフォード・アレン（図16）は、最初の刑期中、一九一六年一〇月二一日付けの手紙で、獄中生活のダメージについて以下のように書いている。

> 刑務所での経験は予想さえも上回る重い負担になっています。それが強制される時、孤独とは苦痛なものです。思考やアイデアが浮かびながら、それを紙に書きとめられず、やがてそれを忘れ、思いだそうと努めはじめるのは、自分の思考やアイデアが消え去るしかないことを知らされるのは、拷問です。私は不眠と情緒不安定に苦しんでいます。……自由の身であれば一顧だにしなかったものを、切望するようになりました。たとえば、音楽です。活動のプランが次々と頭に浮かんでくるのになにもしないでいなければならないのは、悲劇的です。

反徴兵制運動の先頭に立って飛び回る日々と孤独で単調な獄中生活との落差は、あまりにも大きかった。

獄中生活で特に嫌忌されたのが「沈黙の規則」である。受刑者同士の会

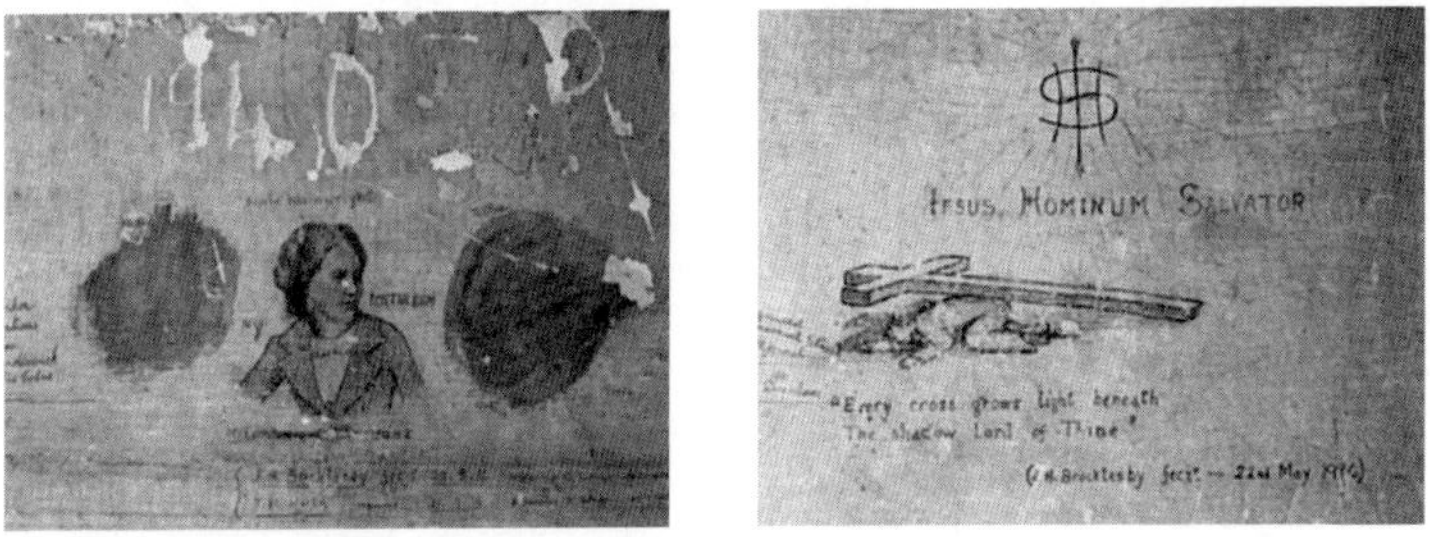

図15　ブロックルズビが刑務所の壁に描いた絵（English Heritage）

話はまったく許されず、看守と受刑者の間で許可されるのも必要最小限の実務的な会話だけ、という規則であり、絶対拒否者の神経に与えられたストレスは計り知れない。二度目の服役中であった一九一七年三月二四日付けのアレンの手紙には、こう綴られている。

図16　アレン

……縫いものをする［代表的な獄中労働であった郵便袋の製作］こと一九五日、毎日の二三時間五〇分は沈黙なのです。私が思うに、強制的にいつまでもつづけられる沈黙がもたらす最大の苦痛は、それがやむことのないもの思いの意識に帰着することです。ほんの一瞬たりとも、考えることをやめられないのです。やめられるかと思うと、今度は耳の中に響く心臓の鼓動を一心に聴いてばかりいるのです。ルーティンの本当に瑣末な事柄について、どうしても考えてしまうのです。……一つの不可避的な帰結は、自分にとって関心のある事柄、自分を刺激し元気づけてくれるはずの事柄について考えることができない、という絶望感です。
……こうなると、まとわりついてくる現下の戦争の恐怖から逃れる道は私にはないようです。まさに自分がアクティヴでありえないがゆえに、私の想像力はいよいよヴィヴィッドになり、この世の苦しみのすべてについて考えることで、絶望のほとんど限界まで追い込まれてゆきます。

軍法会議→投獄→釈放、のサイクルが延々と繰り返され、いつになったら自由

新　刊

脱領域の読書
——あるロシア研究者の知的遍歴

塩川伸明著

知的遍歴をたどる読書録

長年ソ連・ロシア研究に携わってきた著者が自らの学問的基盤を振り返り、その知的遍歴をたどる読書録。

学問論／歴史学と政治学／文学と政治／ジェンダーとケア／歴史の中の個人

購入はこちら

四六判並製310頁　定価3520円

未来への負債
——世代間倫理の哲学

キルステン・マイヤー著
御子柴善之監訳

世代間倫理の基礎を考える

なぜ未来への責任が発生するのか、それは何によって正当化され、一体どこまで負うべきものなのか。世代間にわたる倫理の問題を哲学的に考え抜いた、今後の議論の基礎となる一冊。

購入はこちら

四六判上製248頁　定価4180円

魂の文化史
——19世紀末から現代におけるヨーロッパと北米の言説

コク・フォン・シュトゥックラート著
熊谷哲哉訳

知の言説と「魂」のゆくえ

古典ロマン主義からオカルティズム、ハリー・ポッターまで——ヨーロッパとアメリカを往還する「魂」の軌跡を精緻に辿る、壮大で唯一無二の系譜学。

購入はこちら

四六判上製444頁　定価6600円

新刊

マルクス哲学入門
―動乱の時代の批判的社会哲学

ミヒャエル・クヴァンテ著
桐原隆弘／後藤弘志／硲智樹訳

重鎮による本格的入門書

マルクスの思想を「善き生」への一貫した哲学的倫理構想として読む。複雑なマルクス主義論争をくぐり抜け、社会への批判性と革命性を保持しつつマルクスの著作の深部に到達する画期的読解。

購入はこちら

四六判並製240頁　定価3080円

顔を失った兵士たち
―第一次世界大戦中のある形成外科医の闘い

リンジー・フィッツハリス著
西川美樹訳　北村陽子解説

戦闘で顔が壊れた兵士たち

手足を失った兵士は英雄となったが、顔を失った兵士は、醜い外見に寛容でなかった社会にとって怪物となった。塹壕の殺戮からの長くつらい回復過程と形成外科の創生期に奮闘した医師の実話。

購入はこちら

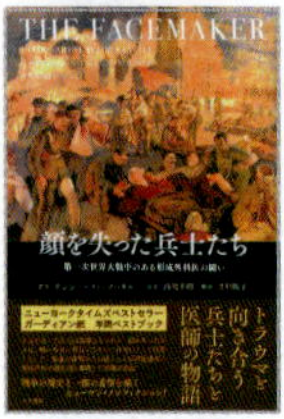

四六判並製324頁　定価4180円

お土産の文化人類学
―地域性と真正性をめぐって

鈴木美香子著

身近な謎に丹念な調査で挑む

「東京ばな奈」は、なぜ東京土産の定番になれたのか？　そして、なぜ菓子土産は日本中にあふれかえるようになったのか？　調査点数1073点、身近な謎に丹念な調査で挑む画期的研究。

購入はこちら

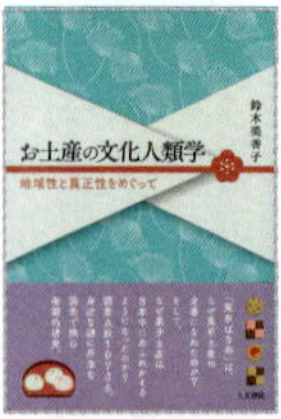

四六判並製200頁　定価2640円

の身になれるかがわからなかっただけに、「沈黙の規則」がいよいよストレスとなっていたことが窺われる。以下にある通り、この手紙では精神的受苦の認識がある種の連帯感をもたらす面も言及されてはいるが、しょせんはなんとか自分を支えるための「強がり」だったように響く。「本当に不思議なことですが、精神的苦難の瞬間にはしばしば慰めを覚えます。なぜなら、こうした瞬間が、この戦争のためにすべてを犠牲にした男女の悲しみから自分がもはや隔絶してはいないことを教えてくれるからです。」

クエイカーの絶対拒否者スティーヴン・ホブハウス（後段を参照）が、「刑期のうちのほんの一日でも沈黙の規則を完璧に守った受刑者などほとんどいない」と述べる通り、「沈黙の規則」にはもちろん抜け道もあった。看守から距離をとりやすい運動や礼拝の時間は受刑者同士が話す最大のチャンスだったし、そもそも看守にしても、必ずしも規則に厳格だったわけではない。受刑者たちの間では、「一ないし二ヤードしか届かない特別のささやき声で感づかれないように話すこと、あるいは、メモ書きその他のなんということもない品を隣の者に素早く手渡すことが、芸術の域に達していた。」筆記用具を与えられない条件の中、隠匿した鉛筆や鳥の羽根、トイレット・ペイパーを使ってCOsが雑誌を作成し（図17）、それが流通した事実は、会話によるそれを含めて、受刑者の間にコミュニケイションの

図17　ウィンチェスター刑務所でCOsが作成した雑誌『ウィンチェスター・ウィスペラー』（PPU archives）

回路が開かれていたことを示すに充分だろう。少なくとも八ヵ所の刑務所でCOsの雑誌が出回ったといわれ、『ウォルトン・リーダー』のように一〇〇号以上もつづいた例まである。

獄中生活のストレスは出獄後にまで尾を曳くものであった。出獄から八ヵ月以上が経過した一九一八年八月三日の時点で、アレンは次のように日記に綴っている。

昨夜は眠れず、自分が緩慢かつ虚弱になってしまったことを思い、苛立った。数時間で読めるはずの本を読むのに、まだ一日を要する……目が疲れ、精神も集中できなくなる……自動車で風を切って走るのではなく、半ば壊れた農業用の荷車かなにかで走っているような気がいつもする。……まともに眠れず、たどたどしくしか読めず、あっさりと忘れてしまい、ほとんど連日の頭痛でだらだらしているというのは、忌まわしいことだ。

自ら選択し決断する機会も必要もない獄中生活の主たる帰結は、意志の力の衰弱である。しばしば、出獄した者たちはなにごとも決断・決定できず、道路を渡ることにさえ困難を覚えたりした。アレンもその例外ではなく、「再び人前で話したり多くの群衆に対面したりできるのか、心配だ」との危惧を吐露し、「毎日毎日、コンスタントに死を思う」と記している。

データを簡単に示しておくなら、二年間以上の獄中生活を強いられた絶対拒否者は九〇〇人近く、獄死した者は一〇人である。四桁の規模の絶対拒否者が収監された結果として見れば、この数値はむしろ獄死率の平均を下回っており、彼らが一般の受刑者よりも苛酷な扱いを受けたわけではないことを物語る。それでも、獄中の処遇が直接の原因となって死亡した者は約六〇人に達し、精神に異常を来たした者を加えると一〇〇人をこえる。

絶対拒否者に対し、政府はどのような対応を見せただろうか？　内務省スキームでの就労という釈放の選択肢が用意されているにもかかわらず、絶対拒否者は自分の意志で刑務所に残っているのであるから、政府としては特に彼らに配慮する必要はない、これが公式的な姿勢であった。絶対拒否者に関する閣僚の発言として最も有名なのは、一九一六年七月二六日にロイド・ジョージが庶民院で行ったそれだろう。「この種の人間たちに関しては、私は個人的にいっさいの共感を覚えることができません。……彼らは一片の配慮にも値しないと考えます。血を流すことを拒否する人々であれば、その見解を尊重することはわが国の伝統的な政策であり、そこから離れようと提案するつもりはありません。しかし、そうではない者たちについては、私はただ、この種の者たちに対処するための最善の方法はきわめて強硬なそれであると考えます。」

一九一七年六月の時点で、二度目・三度目の刑期を務めている絶対拒否者は約六〇〇人に達し、厭戦気分の広がりとも相まって、なんらかの寛大な措置を求める声が段々と高まってくる。先鞭をつけたのが、一九一七年六月一二日の『ガーディアン』に掲載されたジョージ・バーナード・ショー*（大戦そのものは支持する立場にあった）の手紙である。まず問題にされるのが、実質的に単一の罪状（兵役拒否）で複数回の懲罰を受けることの不当性である。「罪が継続されているとして懲役刑を判決し、その刑が満了すると新たな懲役刑を判決することで、受刑者が殺されることもありうることを……明確に理解しておかねばなりません。……既に苛酷な条件の懲役刑を受けたクリフォード・アレン氏は、その満了後すぐにさらなる二年間の懲役刑を判決されました。そしておそらく、今回の刑期を生きて終えることができたなら、また二年間の懲役刑を判決されるでしょう。こうして、残りの人生を通じてずっと、疲弊と欠乏と監視の厳重な収監による実質的には死刑の判決を受けることとなるでしょう。」何度も懲役刑が更新されるようなやり方は実質的に死刑に等しい、という衝撃的な指摘につづけて、ショーは問いかける。獄中のCOsを殺してもよいのか、と。同日の『ガーディアン』論説も、審査局の杜撰な審査・裁定が主たる原因となって、兵役法の良心条項が空文化し、「真正」なCOsほど厳しい処罰を受ける結果になったこと、反復的な懲罰が不当であることを指摘し、ショーの言い分に同調した。

一九一七年一〇月二五日には、COsへの同情的スタンスなどとは縁遠かったはずの『タイムズ』までもがついに以下のような論説を掲げた。

* ジョージ・バーナード・ショー　一八五六〜一九五〇年。作家・批評家。旺盛な文筆活動の傍ら、フェビアン協会の中心メンバーとして政治運動にも携わった。

ある人間が刑務所の労働から逃れるための二つの代替策の利用を熟考のうえで拒んだ場合、自らの意図的な選択として複数回にわたって監獄に送られた場合、自らの良心がこえがたい障壁となって従事することを阻むと彼が主張する軍事業務に就くよりも、むしろ繰り返し監獄に戻ることを選ぶ決意を彼が示した場合、こうして、自らの信念であると宣言するもののために苦難を被る覚悟があることを彼が繰り返し証明した場合、このような懲罰をつづけることは正当化できるのだろうか？　賢明なのだろうか？

『デイリ・ニューズ』その他の有力紙も同様の論調をとり、さらに、著名な高位聖職者が名を連ねる請願が処遇の再検討を求めたことで、絶対拒否者の問題はいよいよ注目を集めることになる。

獄中の絶対拒否者のうちでも特に関心を寄せられたのが、一九一七年四月から二度目の刑期を務めていたスティーヴン・ホブハウスである。自由党の元庶民院議員ヘンリ・ホブハウスの長男だったにもかかわらず、名家の跡取りの権利を放棄してあえてロンドン東部のスラムに居住し、ソーシャル・ワーカーとしての活動に献身した彼はきわめて世評に高い人物で、心臓に病を抱えることもよく知られていた。政権内で隠然たる影響力をもつミルナー、そして、バーナード・ショーやオクスフォード主教チャールズ・ゴアといった有力者の支援を得て、母マーガレット（ビアトリス・ウェッブ*の姉）は釈放に向けた圧力を政府にかけてゆく。マーガレットの名義で刊行された『シーザーへの嘆願』（実際に執筆したのはバートランド・ラッセル*）は四ヵ月で一万八〇〇〇部を売り、ミルナー経由で国王ジョージ五世にも届けられた。「われらの大義が正当であるからこそ、われらの息子たちが悪の支配と戦っているからこそ、国民としてのわれわれは専制と抑圧から自由であるべきだ」として、大戦支持の土俵に乗ったうえで、「狂信的」と見られがちな絶対拒否者たちが「疑いもなく誠実な意見」をもった「教育のある繊細な人々」であること、そして、「これらの人々を無条件で釈放することには政治的にも軍事的にもなんの危険性もありえない」ことを指摘し、彼らを釈放するよう訴える内容のものである。

政府内での激しい論争の末、結局、ホブハウスやアレンを含む約三〇〇人の絶対拒否者（形式的には健康状態に不安がある者たち）が一九一七年一二月に釈放される。ホブハウスはこう回想している。「その頃、私の健康状態はまったく注目されることのなかった多くの人々ほど深刻ではなかった。しかし、私には社会的な地位や影響力をもつ知り合いがおり、私が獄死したら政府にとって厄介なことになったのだろう。それゆえ、私よりも深刻な病に苦しんでいた他の若干の人々と一緒に、私は無条件で釈放された。」一九二二年には、彼は同じく絶対拒否者として一九一九年四月まで約二年半の獄中生活を強いられたフェナ・ブロックウェイ（第3章を参照）との共編著『イングランドの刑務所の現

ビアトリス・ウェッブ
一八五八～一九四三年。社会運動家・著述家。旧姓はポター。夫シドニと共同で、あるいは単独で、労働組合や協同組合、救貧法、等に関する数多くの研究を著わした。フェビアン協会の中心メンバーであり、一九三八～四一年には会長を務める。

バートランド・アーサー・ウィリアム・ラッセル
一八七二～一九七〇年。哲学者・数学者。ホイッグ党の首相ジョン・ラッセルの孫にあたる。アルフレッド・ノース・ホワイトヘッドとの共著『数学原理』（一九一〇～一三年）をはじめ、数理論理学の分野で顕著な業績を残す。大戦期以降、反戦・平和主義を象徴する人物として、さまざまな運動に参加した。

在』を出版し、刑務所改革をめぐる議論に大きな一石を投じる。

　しかし、ホブハウスやアレンの釈放で一件落着したかのような雰囲気が広がったことは、刑務所に残された絶対拒否者たちの焦燥感を強めることともなった。さらに、一九一八年三月以来の西部戦線におけるドイツ軍の大攻勢*（図18）によって、獄中のCOsに対する世論の関心はほとんど吹き飛んでしまう。自分たちは忘れられようとしている、見捨てられようとしている、といった思いを抱かざるをえなかった絶対拒否者たちは、獄中労働の拒否、ハンスト、刑務所規則への不服従、といったかたちで抵抗の動きを見せるようになってゆく。獄中の抵抗活動がいかに戦闘的になろうと、戦争の遂行や徴兵制の運用にかかわる政府の姿勢に大きな影響を与えたわけではないが、それでも、戦間期のイギリスの反戦・平和運動である種の崇敬の的となる者たちの多くが、こうした獄中闘争を経験していたことも事実である。「殉教者」イメージをまとううえで、獄中闘争がもった意味は小さくない。彼らの釈放が始まるのは休戦からかなりの時間が経過した後、一九一九年四月以降のことであった。

図18　ドイツ軍の大攻勢

ドイツ軍の大攻勢　ソ連の戦線離脱を受け、アメリカ軍が本格的に派遣されてくる前に決着をつけようと、一九一八年三月二一日、ドイツ軍は西部戦線で空前の大攻勢を開始した。それまで東部戦線に配置されていた兵力を投入したドイツ軍の進撃は目覚ましく、六月頃まで戦況はドイツ軍有利で推移するが、兵士の疲弊と補給の欠乏もあって、その後は連合国軍の反撃に後退を余儀なくされた。

第3章　兵役拒否の論理と実践
——反徴兵制フェローシップ

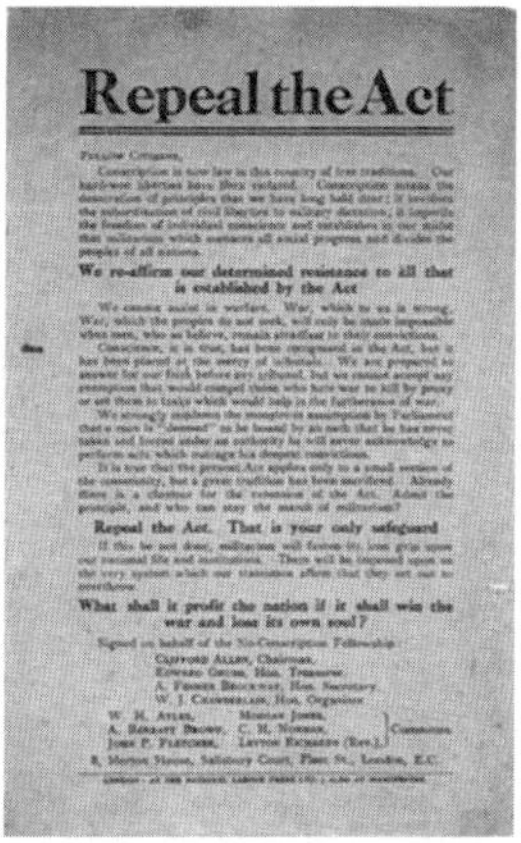

反徴兵制フェローシップのリーフレット『兵役法を撤廃せよ』。このリーフレットを刊行したことを理由に、1916年５月には同フェローシップの指導者８人が起訴される。(PPU archives)

1　反徴兵制フェローシップ

大戦期のイギリスで徴兵制への抵抗運動を牽引したのは、反徴兵制フェローシップ（No-Conscription Fellowship、以下ではＮＣＦ）であった。ＮＣＦは同時代のイギリスで規模の点でも影響力の点でも最大の反戦・反徴兵制団体であり、他の交戦国を見てもＮＣＦに匹敵するほどの団体は存在しない。本章では、ＮＣＦの成立から解散までのプロセスを跡づけつつ、その言説や活動に孕まれた諸問題について考えたい。

ＮＣＦの端緒は一人の女性の示唆にあった。リラ・ブロックウェイ、ＮＣＦの創設者となるフェナ・ブロックウェイ（以下、単にブロックウェイと記す場合はフェナを指す）の妻である。ブロックウェイは一九一二年以来ＩＬＰの機関紙『レイバー・リーダー』の編集長を務めており、開戦の時点で二五歳であった。平和主義者かつ社会主義者としていかなる反戦・平和運動を展開すべきか、確たる方向性を見出しかねていた彼に、リラが一つのアイデアを伝えた。兵役対象年齢に該当し、徴兵制が導入された場合にはそれに抵抗しようと考えている男性たちに対し、自分の名前を登録することを『レイバー・リーダー』紙上で呼びかけたらどうか、と。ブロックウェイの回想にはこうある。

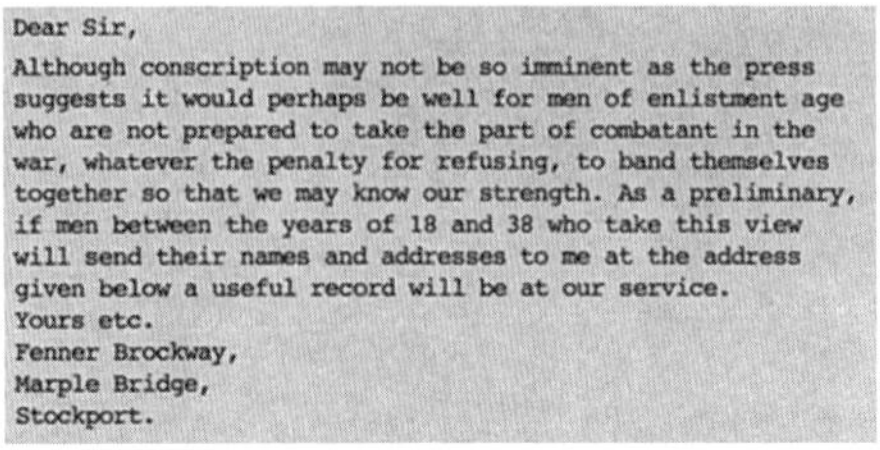

Dear Sir,
Although conscription may not be so imminent as the press suggests it would perhaps be well for men of enlistment age who are not prepared to take the part of combatant in the war, whatever the penalty for refusing, to band themselves together so that we may know our strength. As a preliminary, if men between the years of 18 and 38 who take this view will send their names and addresses to me at the address given below a useful record will be at our service.
Yours etc.
Fenner Brockway,
Marple Bridge,
Stockport.

図19　NCF の発端となったブロックウェイの手紙（PPU archives）

一九一四年秋、妻の示唆に従って、徴兵制の下で兵役に就くつもりのない人々に名前を登録するよう呼びかける手紙を『レイバー・リーダー』〔一九一四年一一月一九日号〕に掲載した時、私はNCFのような規模や性格の組織など考えてもいなかった。しかし、反響があまりにも大きく、返信を寄せた人々の熱意があまりにも感動的だったため、抵抗に身を投じると思われる人々が団結できるフェローシップが必要であることを、私はすぐに理解した。

呼びかけの手紙（図19）の掲載から六日間で、実に一五〇をこえる返信があった。これがNCFの実質的な始まりである。

『レイバー・リーダー』の手紙に最初に応えた一人が第2章にも登場したクリフォード・アレン、ケンブリッジ大学ピーターハウス・カレッジ卒の社会主義者（フェビアン協会*の執行委員にしてILP党員）であり、ブロックウェイと同じく二五歳の若さながら、労働党系で初の日刊紙『デイリ・シティズン』の管理責任者の地位にあった。そのずば抜けた知的能力と人間的魅力は多くの人々の語るところで、ブロックウェイも当初よりアレンを「並はずれた人物」と認めていた。

アレンは開戦時から反戦の立場で論陣を張り（『デイリ・シティズン』が大戦支持の姿勢をとったため、一九一四年中に関係を絶つ）、一九一四年一〇月にILPの支部で行った演説は翌月にはパンフレットとして刊行された。この演説の

フェビアン協会
一八八四年に創設された社会主義団体。革命的な直接行動ではなく、漸進的・平和的な方法による社会主義の実現を目指し、公的機関への「浸透」や世論の教化を重視した。ウェッブ夫妻、ショー、グレアム・ウォーラス、アニー・ベザントといった知識人が中核を担った。一九〇〇年の労働代表委員会（労働党）の創設に参画し、労働党の重要な構成団体となる。

中核的な命題は、資本主義こそが戦争の原因であり、多くの交戦国の中でドイツばかりを非難するのは正当ではない、というものだが、ＮＣＦとの関連で最も興味深いのは以下の部分だろう。

私たちはあらゆる戦争を批判するだけでなく、なによりも現下の戦争を批判しなければなりません。わが国は危機にあるのだ、といわれます。たしかにそうです。しかし、誰のせいでそうなったのでしょうか？　統治者たちが危機のシグナルさえ掲げれば私たちの支持をいつでも得られると理解してしまうなら、わが国は五〇年のうちに再び危機に陥るでしょう。戦争の際には必ず私たちの支持を当てにできるのだと理解してしまえば、外交政策に関する私たちの批判に彼らは決して注意を向けないでしょう。将来の政策に多少とも影響力をもつためには、私たちは反愛国的と映る方針をとらねばなりません。

私たちは社会主義の信念から唯一導かれうる帰結に向き合わねばなりません。すなわち、武力への無抵抗という問題であります。自己を欺いてはなりません。私たちのすべての主張の源泉は人命の神聖 sacredness of human life です。殺人には二つの種類がある、などとは私は考えません。

ここでアレンが打ち出している「人命の神聖」という「すべての主張の源泉」こそ、後にＮＣＦの最も重要なスローガンとなる。そして、「武力への無抵抗」、いかなる理由を持ち出そうが戦争とはしょせん殺人に他ならない、といった語り方は、アレンがあらゆる戦争を否定する絶対平和主義の立場をとっていたことを伝える。「正義」「文明」「自由」のための戦争といった巷に溢れる言説に正面から対峙することばといえよう。

一九一四年一二月にＮＣＦの発足がアナウンスされた時点のメンバーは約三〇〇人、一九一五年初頭にはロンドンに本部を開設し、アレンが議長として組織と活動に責任を負うようになる。指導部にあたる全国委員会も結成され、書記にはブロックウェイが就いた。当初は『レイバー・リーダー』編集長の仕事もつづけたが、兵役法においてこの職が兵役免除の対象とされたことを受け、特権的な免除の道をあえて塞ぐため、一九一六年八月に彼は編集長ポストを退く。メンバー数は一九一五年二月になっても約三五〇にすぎず、バーミンガム、マンチェスター、グラスゴウ、シェフィールド、等に支部が開設されたとはいえ、徴兵制導入が差し迫る以前の段階では、ＮＣＦの活動はいささか停滞気味であった。

ＮＣＦの大きな特徴はメンバーの雑多さにある。メンバーシップを兵役対象年齢の男性に限定したことを別にすれば、加入の条件は徴兵制反対、兵役拒否という思いを抱いていることだけであった。だからこそ、ＮＣＦは幅広い多様な政治的・思想的・宗教的なバックグラウンドをもつ人々が結集する反戦・反徴兵制団体となりえたのである。アレンの回想によれば、「誰もに共通する戦争という危機の中で、相反する意見をもった数千の若者たちが相互に寛容でいることが可能だった」。

そんなNCFにおいて最大の勢力を成したのは社会主義者（七～八割を占めたと推定される）、特にILP党員であった。労働党の多数派が大戦に協力する姿勢をとる中、大戦にも徴兵制にも反対する姿勢を公式に打ち出したのがILPであり、マクドナルドやスノーデンをはじめ、労働党内の反戦派（少数派）のほとんどはILPに属していた。また、数的に最大だったばかりでなく、アレンやブロックウェイがそうであった通り、ILP党員は概してアクティヴでもあった。『デイリ・シティズン』におけるアレンの同僚であり、NCFの機関紙『トライビューナル』（後段を参照）の初代編集長となるウィリアム・J・チェンバレンをはじめ、ILPからはNCFの多くの指導者が輩出された。

宗教集団について見れば、NCFに最も多く参加してきたのはクエイカーである。クエイカーの場合、たとえ徴兵制が施行されても兵役免除が認められる可能性が大きいと考えられていたが、彼らは自分たちへの特別扱いに満足せず、クエイカー以外の者たちとも協力して積極的に反戦・反徴兵制を訴えるスタンスをとった。また、クエイカーには富裕者が少なくなく、財政的な意味でも彼らの存在はNCFにとって大きなサポートとなった。対照的なのは至福千年信仰派であって、クエイカーより多くのCOsを輩出したにもかかわらず、NCFに加わろうとする者はほとんどいなかった。もちろん、社会主義者とキリスト教平和主義者ばかりでなく、リベラルな平和主義者や労働組合員もＮＣＦのメンバーを構成した。

多様なイデオロギーを背負った人々が加入してきたため、彼らをＮＣＦという一つの団体に束ねるスローガンが必要となったが、誰もが一致できる明快なスローガンとして最も積極的に活用されたのが、さきに触れた「人命の神聖」であった。一九一五年二月、ＮＣＦはＣＯｓの信念の根幹を成す原則を以下のように明らかにしている。

反徴兵制フェローシップは、徴兵制が実施された場合、兵役に就くことを求められる可能性が高いが、人命は神聖であると考え、したがって死に至らしめることの責任を負いえないがゆえに、良心的動機から武器をとることを拒否する意志をもつ者たちの組織である。彼らは政府が「武器をとれ」と命ずる権利を否定し、イギリスに徴兵制を導入しようとするあらゆる動きに反対する。仮にこうした動きが成功を収めた場合には、その結果がどんなものであろうとも、彼らは政府の命令よりも自らの良心の信ずるところに従うつもりである。

「人命の神聖」ということであれば、いかなる政治的・思想的・宗教的背景の持ち主にも同意は難しくない（もちろん、自らの大義のためには暴力行使を厭わない者のような場合にはこの点も微妙になるが、少なくともＮＣＦ発足当初は表立った波風は立たなかった）。幅広い構成員を結集させうる緩やかな一致点を提示できたことは、ＮＣＦの生命力を説明する一つの重要な要因である。

そして、「人命の神聖」の先に横たわっている理念が「人間のブラザフッド」である。人命とは各々の人間のパーソナリティの基盤に他ならず、この基盤の神聖さが認められるなら、多種多様なパーソナリティのありようもまた尊重されねばならない。国籍や階級、性や人種、さらには信念や見解の違いをこえて、すべての人間は兄弟《ブラザフッド》のような関係を成すべきなのである。「人間のブラザフッド」という発想にとって、戦争が否定の対象となることは明らかだろう。ＮＣＦの反戦・反徴兵制の主張にナショナリズムに代わるべき国際主義が胚胎されていたことは、記憶されてよい。

2　兵役法成立以前

ＮＣＦの活動が活発化するのは一九一五年夏頃からである。直接のきっかけはこの年の七月に国民登録法が成立したことであった。ＮＣＦからすれば、国民登録は徴兵制への準備がいよいよ本格化してきたことを告げる措置であった。一九一五年五月には数百にすぎなかったメンバー数は一〇月には五〇〇〇以上に（ピーク時で五五〇〇）、わずか五つだった支部数は五〇以上に（同年末には二〇〇近くにまで）急増した。

NCFの前進のもう一つの要因は、徴兵適用年齢の男性だけにメンバーシップを限定する方針を改め、一九一五年五月以降、女性と高齢男性をアソシエイトとして受けいれる姿勢に転じたことである。容易に想像できるように、徴兵制が導入されれば、正規メンバーの多くはなんらかの拘束の下に置かれるのであるから、はるかに厳しい状況の中でNCFを支える役割はアソシエイトが担うことになる。その意味で、この門戸開放はたしかに賢明な措置であった。

　アソシエイトとして新たに加わってきた者たちのうち、とりわけ重要な二人を紹介しておこう。まずエドワード・グラブ、既に六〇歳に達していたこのクエイカーがNCFの財務担当に迎えられたのは明らかに富裕なクエイカーとの太いパイプのためであり、実際、クエイカーから多額の財政支援を引き出したことは彼の顕著な功績であった。「フレンズ［クエイカー］やその他の人々のたくさんの寛大な志のおかげで、われわれが資金不足になることはめったになかった。」

　もう一人は世界的な名声を誇るケンブリッジ大学トリニティ・カレッジの哲学者・数学者バートランド・ラッセルである（図20）。ブロックウェイの回想にはこうある。

……バーティ［ラッセル］は前触れもなくやってきた。彼はなにか役に立ちたいと申し出たが、最初のうち、われわれは高名なケ

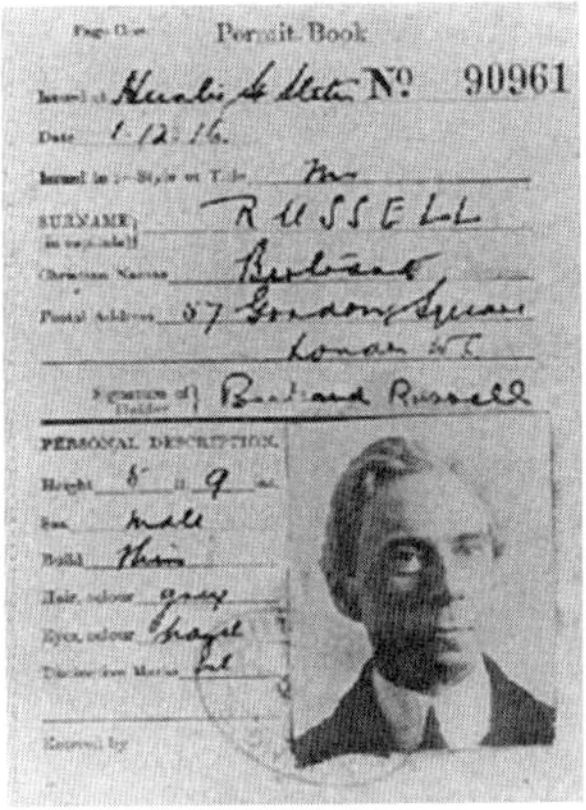

図20　ラッセル

ンブリッジのプロフェッサーにいささか畏怖の念を覚えた。しかし、まもなく彼は、その友情と茶目っ気のあるおもしろさでわれわれの心を、その光彩陸離たる著述や演説でわれわれの精神をとらえた。われわれの地下新聞『トライビューナル』に毎週寄稿し、無署名記事のために編集長が逮捕された際には、自分が著者である旨をただちに『タイムズ』紙上で明らかにした。国土防衛法の下で逮捕され、有罪にもなった。

NCFの中核メンバーとなるのは一九一六年四月以降のことであるが、アレンやブロックウェイを投獄で欠いた時期において、ラッセルはNCFの顔として活躍し、後述のキャサリン・マーシャルとともに組織の存続に大きく貢献した。

NCFはいくつかの部局によって構成された。議会におけるNCFの代弁者ともいうべきスノーデンをはじめ、マクドナルド、ラウントリー、ハーヴィ、等、主張に共鳴してくれる議員に情報を提供し、彼らを通じて議会で反徴兵制の声をあげること、そして大臣や政府機関に直接的な要請を行うことを任務とした政治局、わかる限りですべての反徴兵制論者のデータをカード・インデックスに記載し、徴兵制導入後は各々のCOsの兵役拒否の根拠、審査や軍法会議にかかわる諸々を整理するとともに、各々の居場所や処遇を追跡調査した記録局、広報・宣

Conscription and Conscience By CLIFFORD ALLEN (Chairman N.C.F.) ONE PENNY

THE TRIBUNAL

"Tribunal. A Court of Justice."—Webster's Dictionary.

EDITED BY W. J. CHAMBERLAIN (Hon. Organiser N.C.F.)

The Military Service Act Fully and Clearly Explained By PHILIP SNOWDEN, M.P. ONE PENNY

No. 1 WEDNESDAY, MARCH 8, 1916 One Halfpenny

The Tribunal

OUR OBJECT

OUR POINT OF VIEW

CONSCIENTIOUS OBJECTORS AND NON-COMBATANT SERVICE

図21 『トライビューナル』創刊号（一九一六年三月八日号）

伝活動の担い手として、一〇〇万部をこえるリーフレットやパンフレットを流通させただけでなく、週刊の機関紙『トライビューナル』(図21)や議会の審議を記録した『COハンサード』を刊行しつづけた文書局、刑務所やワーク・センター、陸軍兵舎にいるCOsとのコンタクトを保つため、面会を組織した訪問局、請願をはじめとする方法でCOsの釈放・処遇改善に向けた運動を指導したキャンペーン局、等であり、これらの部局はすべて全国委員会によって統括・指導された。なお、『トライビューナル』のデータを示しておくと、刊行は創刊号(一九一六年三月八日)から一八二号(一九二〇年一月八日)まで、四ページのタブロイド形式であり、発行部数はピーク時で約一万部、終戦の時点で約二〇〇〇部である。

そして、NCFの活動が活発化すれば、治安当局からの圧力も強まるから、なんらかの対抗策が必要となる。NCFの対抗策の核心は「シャドー・システム」、すなわち、全国委員会議長から支部の幹部まで、あらゆる役員は自らが逮捕されるなどした場合に直ちに職務を代行できる「影武者《シャドー》」を確保しておく(「影武者」は徴兵される可能性のないアソシエイトが望ましい)、というものである。実際、創設時からの指導者のほとんどが兵役法制定後には投獄されることになるわけだが、にもかかわらずNCFが組織と活動を継続できた事実から、このシステムが功を奏したことが推察できる。

一九一五年一一月二七日、組織の結束を確認し、今後の方針について討論す

図22　NCFの第一回全国代表者会議

る目的で、NCFは第一回全国代表者会議《ナショナル・コンヴェンション》を開催する（図22）。その席上でのアレンの演説はNCFの基本的なスタンスを雄弁に語ったものであり、紹介に値するだろう。最初のポイントは次のようなNCFの性格づけである。

これまでの徴兵制に関する論争は、年齢や性別ゆえ、徴兵法ができてもその規定の対象とならない多くの人々によって行われてきました。私たちのフェローシップの一番の特徴は、こうした法の規定の対象とされるであろう人々だけにフル・メンバーシップを厳しく限定していることです。そうすることによって、徴兵制のアカデミックな原則について討論する単なるソサエティの場合と比べ、論争における私たちの組織の重要性ははるかに大きくなるのです。

NCFのいわば当事者性を前面に出し、他の団体との差異化を図って、明確なレゾン・デートルを主張しようとするのである。つづいて、メンバーが共有する最も基本的な信念が確認される。

……私たちが強い熱意をもって共有する徴兵制への反対の根拠が一つあります。すなわち、人命の神聖への確信であります。反徴兵制フェローシップのメンバーは、この根拠に基づいて徴兵制に根底から反対するのです。

多様なメンバーが一致できるＮＣＦの基盤として、改めて「人命の神聖」のスローガンが強調されるわけだが、ここに含意されているのは、生死にかかわる問題については一人一人の人間自身が態度決定の権利をもつべきだ、国家が介入できる領域ではない、という認識である。次なる課題は、「責任逃れ」との批判に反駁することであった。

> ……私たちが現在行っている、そして今後とも行うであろう決然たる反対にもかかわらず、もしも徴兵制がわが国の法になるような場合には、私たちは、自らの信念に背を向けるよりも、むしろ国家が科してくるあらゆる懲罰を甘受するつもりです。そう、それがたとえ死であるとしても。このことをはっきりと理解させようではありませんか。私たちの組織のメンバーがこのフェローシップを結成したのは、苦難から逃れるためではないということを。責任逃れ呼ばわりされる者たちが苦難を引き受ける意志をもっていることを世論に納得させうる唯一の方法は、徴兵のプロセスの中にあるのかもしれません。

ＮＣＦが兵役の苦難を怖れて活動しているわけではないことを知らしめるため、いかなる懲罰をも覚悟すべきであると力説されるのは、「責任逃れ」との白眼視を克服しない限り、世論へのアピールに成功することなどありえない、という認識ゆえである。

全国代表者会議で採択された決議は、徴兵制反対を大きなコンテクストに位置づけてみせる。

わが国に徴兵制を強要しようとする企てが為されるであろうことをはっきりと意識し、このような制度が人命の神聖を否定し、わが国の自由の伝統に背き、その社会的・産業的な解放を妨げるものとなることを認識して、自分たちの決意が深刻な結果に自らをさらすことをも理解しつつ、われわれ反徴兵制フェローシップの代議員およびメンバーは、どんな懲罰があろうとも徴兵制に抵抗する意志をここに厳粛かつ真摯に再確認する。

「イギリスの自由の伝統」というお馴染みのレトリックを、NCFも精力的に活用した。また、「社会的・産業的な解放」への言及には、徴兵が徴用に連動する可能性を示唆して、労働運動との連携を図る狙いが込められていると思われる。

全国代表者会議がきっかけとなって、一人の有力な活動家がNCFに参加する。女性国際同盟*の代表として出席していたキャサリン・マーシャルである（図23）。全国代表者会議の直後にアソシエイトとなってNCFの活動に身を投じたマーシャルは、女性参政権運動で活躍してきた経験ゆえ、いかに治安当局の弾圧に抗して組織を維持するかに関する豊かな知識をもっており、どちら

女性国際同盟
「恒久平和のための女性国際委員会」（一九一五年四月創設）のイギリス・セクションとして、一九一五年九月に創設された女性による平和主義団体。女性参政権運動内の反戦派（少数派）が中核となり、メンバー数は約三〇〇〇人。一九五〇年には「平和と自由のための女性国際同盟」と改称される。

かといえば「お上品な理論家」が多かったＮＣＦにおいて、実に貴重な存在であった。基幹的な部局ともいえる記録局の設置を提案したのも彼女である。アレンやラッセルのように脚光を浴びはしなかったが、おそらく誰よりも献身的な活動家として、マーシャルは組織の屋台骨を支えてゆくことになる。

全国代表者会議によって士気を高めたＮＣＦは、全国各地でのリーフレットやパンフレットの配布をはじめ、従来とは比べものにならないスケールで活動を展開してゆく。しかし、アスクィス政権は既に徴兵制導入に向けて動き出していた。ＮＣＦの支部がいかに徴兵制反対を決議し、あるいは議員たちに手紙を書いて圧力をかけようとも、徴兵制導入論の高まりを前にしてはしょせん焼け石に水でしかなかった。ＮＣＦの活動などどこ吹く風といった風情で、ごくすんなりと議会は兵役法を成立させてしまう。新たな厳しい情勢の中、ＮＣＦの真価がいよいよ問われることになるのである。

図23　マーシャル

3　兵役法への対応

兵役法の成立に伴ってＮＣＦに突きつけられた最初の難問が、兵役免除審査にいかに対応するか、である。審査局に全面免除を申請し、手続き通りに審査を受けるのが第一の選択肢、個人の良心を審査するという審査局の権限そのものを否定するのが第二の選択肢となるが、採用されたのは前者であった。もちろん、審査の内実について楽観的な見方がされていたわけではなく、むしろ、敵対的な審査局を前にしても自説を貫くCOｓの勇気や信念を誇示すると同時に、兵役法の問題性を集約するかのような不適切な審査の事例に次々と光をあてることを通じて世論に訴えたい、というのが趣旨であった。

審査の山場である聴取にあたって、NCFはいかに応答すべきかに関するマニュアルを作成し、聴取を控えたCOｓへの「練習」を実施したうえ、弁の立つメンバーを助言者として送り込みもした。多くのCOｓにとって、審査の場で自分の主張を明晰に語ることはきわめて困難だったから、NCFの支援はたしかに有益であった。とはいえ、こうした活動が、NCFは兵役法の執行を妨害する目的でCOｓをわざわざ仕立てあげている、といった批判を招いてしまったことも事実である。たとえば、ミドルセックス上訴審査局の議長であった保守党庶民院議員ハーバート・ニールドは、内相ハーバート・サムエルに向けて以下のように書いている。「審査局が直面しているトラブルの多くに責任があるのは反徴兵制フェローシップです。良心的兵役拒否者は総じて一八歳から二二歳までの若者ですが、私の見るところ、彼らは入念な指導を受け、兵役法の運用に敵対するよう説得されています。」NCFの甘言に乗せられて、さしたる信念もなしに「トラブル」を起こしている「若者」が少なくない、という認識である。こうした認識が世論のNCFへの敵意を強める方向で作用したことは間違いなかろう。

次なる難問が、兵役への代替業務にどんな姿勢をとるか、である。NCF指導部が推奨したのは、あらゆる代替業務を拒否し、あくまでも全面免除を求めることであった。まずNCC入隊という選択肢に関していうと（陸軍に入隊する以上、NCCの非戦闘業務は兵役＝軍事業務に他ならないが、ここでは便宜的に代替業務の一つと見なす）、宣誓を課されたうえで軍法の下に置かれ、戦闘業務の遂行を直接的に支援する、このような選択肢が拒否の対象であることはほとんど自明であった。軍事業務とは違う「国にとって重要」な仕事という選択肢となると、NCCの業務ほどの抵抗感を喚起しないことは事実だったが、しかし、原理原則からすれば、これも拒否すべきものでしかなかった。この点について、アレンは以下のように述べている。

良心的兵役拒否者の拠って立つところとは、あらゆる戦争への、そして、軍事主義のあらゆる制度への根本的な反対である。したがって、彼は自分という個人の安全を確保するだけでは納得できないし、自らが反対する軍事主義の確立を黙認することにはいよいよ納得できない。……

……彼が特別の関心を寄せるのは戦時に課されるある特定の業務の性質ではない。戦争の遂行を楽にする目的で、軍事主義の円滑な運用を妨げる障害を除去するための策略として、その業務が課されるのかどうか、である。

「あらゆる戦争」に反対する絶対平和主義の立場をとる以上、どんな代替業務であっても受けいれがたい、きわめてロジカルな結論ではある。

ただし、以上のようなスタンスはあくまでもNCF指導部が推奨するガイドラインであって、いかなる対応をとるかは個々のCOsの判断に任されることもまた同時に強調された。そして、指導部が提唱するそれとは異なる態度をとったCOsにも支援を惜しまないことがNCFの原則であった。アレンはいう。

決意を堅持し、希望に充ちた心持ちを保つのと同じくらい大切なのは、寛容でありつづけることである。われわれは、文民的な代替業務を受けいれるつもりがあるか否かを基準に、ある人間が良心的兵役拒否者であるかどうかを決めてしまいがちである。疑いもなく、これは大きな誤りである。一人一人の人間だけが自分の良心について判断できるということを、われわれはずっと語ってこなかっただろうか？　……全国代表者会議では、代替業務に反対することが圧倒的多数で宣言された。フェローシップに対する忠誠心のみを理由に、代替業務を受けいれることを躊躇している人々もいる。これはまったくの心得違いである。フェローシップへのそのような忠誠心は、個人の良心への最悪の背信に帰結するばかりだろう。それはわれわれがまさに堅持しようとしている原則にとって致命的である。

場合によっては指導部の責任放棄ともなりかねないが、この種の寛容さはNC

Fという団体の大きな特徴であった。組織の方針よりも自らの良心が命ずるところを優先せよ、という原則は、兵役そのもの以上に良心の領域への権力による侵犯を悪の本質と捉えるNCFに相応しいものといってよい。NCFは指導部の決定の履行がすべてのメンバーに要請されるような上位下達型の団体ではなかったのである。

4　反徴兵制をいかに語るか？

つづいて、NCFが反徴兵制をどのように論じたかに目を転じ、いくつかの特徴を確認することとしよう。まず指摘できるのは、「イギリスの自由の伝統」というレトリックが、NCFによっても大いに使われたことである。自分たちを「自由の伝統」の守護者に見立て、いわば「非イギリス的」な審査局の杜撰さや陸軍当局の野蛮さを暴露することを通じ、国民の間に潜在しているはずの「自由」への思い入れを刺激しようとする言説は、常套的に発せられた。次のような語りが典型だろう。

徴兵制は今では自由の伝統をもつわが国の法となっている。われわれが労苦をもって獲得してきた自由は侵されてしまった。徴兵制が意味するのは、われわれが長らく大切にしてきた原則の冒瀆である。それは市民的自由を軍事的命令に従属させ、個人の良心の自由を危うくし、すべての社会進歩を脅かし、あらゆる国の国民を分断する軍事主義をわが国に打ち立てるものである。

徴兵制を「自由の伝統」からの逸脱、すなわち「非イギリス的」な措置と性格づけ、逆に自分たちをイギリスの歴史を真っ当に継承する立場に据えることによって、抵抗の正当性を主張しようとするのである。さきに見た通り、NCFでは「人間のブラザフッド」という国際主義的な発想も語られたが、こと対外的な広報・宣伝にかかわる限り、圧倒的に前面に打ち出されたのはナショナリズムを刺激しようとするレトリック、大陸諸国に比べて徴兵制をもたないイギリスはより高度なのだとの含意を帯びた「自由の伝統」のレトリックであった。

「自由の伝統」を強調することには、国制からの逸脱に他ならない徴兵制に反対する自分たちこそ本当のシティズンだ、というもう一つのメッセージが含意されてもいる。シティズンとは「社会・共同体への奉仕」を遂行する人々のことであり、国制からの逸脱を正そうとする行為はまさに最も本質的な「奉仕」であるから、徴兵制への抵抗はシティズンシップの実践に他ならない、との認識が成立する。シティズンシップのレトリックが多用されることは、NCFの言説戦略のもう一つの特徴といえる。アレンのことばを見てみよう。

……良心的兵役拒否者への批判はますますシティズンシップの責務の解釈に向け

られるようになっている。フェローシップに属す全員に対し、兵役法の下での任務の遂行を拒むのは、これこそがわれわれが行いうる最も高度な奉仕であるという確信に促されてのことであることを、否定の余地がないくらい明確にするよう呼びかけたい。……われわれの当面の任務は、わが国において平和への意志を呼び覚ますことに思考とエネルギーのすべてを捧げることでなければならない。

「シティズンシップの責務」という議論の土俵に乗ったうえで、祖国の危機に際し兵役をもって応えることがシティズンの務めであるとする圧倒的に優勢な論調に、平和の大義を唱えつづけることもシティズンが果たすべき役割（より重要な役割）なのだとの認識を対置して、兵役拒否はシティズンシップからの逃避ではなく、その実践に他ならないことを主張するのである。「責任逃れ」との非難に取り囲まれるＣＯｓがプライドを保つにあたって、シティズンシップのレトリックは有力な足場であった。

シティズンシップを主張する言説のヴァリアントが、勇気がないから徴兵制に反対しているわけではない、といったタイプの言説である。臆病ゆえに兵役から逃れようとしている、間断なくＣＯｓに浴びせかけられるこの手の非難や嘲りに抗して、勇敢だからこそ良心に忠実にふるまっているのだと力説する勇気のレトリックもまた広く活用された。一例をあげておこう。

われわれ良心的徴兵拒否者が声をあげているのは、自分の生命を救うためでも、魂や良心を救うためでもない。良心とは、悪事から身を退くことで満足させられうる私的なためらいの気持ちに尽きるわけではない。それは、胸中に抱く大義のために積極的に活動するようわれわれを突き動かす積極的で抑えがたい信念である。

勇気のレトリックは時として愛国心のレトリックにも転じたし、また、勇気を欠いてはいないことの証拠に自分たちはどんな懲罰でも甘んじて受けてみせる、といった趣旨の言説としても浮上した。

以上のような特徴を指摘できるNCFの言説が、概して世論に受けいれられなかったことは否定できない。なによりも大切なのは戦勝であり、そのためには「応分の負担」を万人が背負うべきだ、との発想が支配的だった状況を思えば、これは驚くべきことではないのかもしれない。

しかし同時に、NCFの言説に世論の反発を招いても無理のない要素が含まれていたことには留意しておく必要があろう。とりわけ注目したいのが、「殉教者」的なトーンの問題である。まず、次のアレンの文章から。

われわれに突きつけられてきた最も厳しい批判は、良心的兵役拒否者の安楽と自由を引き合いに出して、戦場にいる者たちの苦難を強調するそれであった。われわれはこうした苦難を生み出す戦争への抵抗に身を投じているのだと返答しても、陸軍や海軍による保護など望んでいないのだと熱弁を振るっても、無駄であった。こうした誤った言い分を前に、われわれは頭を垂れなければならなかった。しかし今や、仰々しく誇示しなくても、自分たちの責務の観念の帰結に直面するつもりがあることを、われわれは喜びとともに知らしめられる。……われわれの信念と決意が実際にどんなものであるかを政府に認めさせるには、もっと大きな苦難を被る必要があるだろう。同時に、われわれの証言が、自らの戦争への態度について、そして、自らの特定の道徳的・宗教的見解の解釈について深く考えるよう、多くの人々に促す力となっていることもわかっている。

NCFへの弾圧が本格化してきた状況を歓迎しているかに響くことばである。たしかに、不当に安寧を貪っている、といった批判への反駁が可能になったことで、世論に働きかけやすい条件が多少とも整ったのは事実だろう。弾圧を受けることこそが運動の勝利に向けた展望を開く、との認識に立脚するかのような論じ方には、いち早く「目覚めた者」が一身を投げだして「目覚めていない者」を導く、といった「殉教者」的とも呼ぶべき発想が、アレン自身は「殉教者願望」を再三にわたって否定してはいるものの、こびりついていると思われる。COsにシニカルな視線を向けていたビアトリス・ウェッブはこう看破する。「彼らは殉教者になりたいのだ。あらゆる戦争遂行に対する嫌悪の感情を喚起するために。」

そして、「殉教者」的なプライドは容易に尊大さや傲慢さへと転化し、これにマイノリティ意識が加われば、「目覚めていない者」を見下ろす視線が顕在化してきても不思議ではない。国民の多数派が戦勝のためならそれなりのリスクを負うべきと考えていた時、高いところから批判的な言辞ばかりを弄しているかに見えるNCFが、「目覚めていない者」の多くから「自己中心的」「独善的」といった反発を買うことは必至であった。「孤高を保つ者が語る正義」につきまとう鼻もちならない雰囲気は、たしかにNCFの言説と無縁ではなかった。

NCFと世論の間にあるこうしたギャップに関し、アレンに即してもう少し考察しておきたい。NCFが漂わせる「ある種の尊大さがわれわれへの敵対を硬化させ、実に厳しい憎悪をもたらした」ことを、少なくとも事後的にはアレンは認識していた。大戦終結後、一九一九年二月一日の日記にはこうある。

……「私たちは教会のようなものだ」といったことばを用いたのは愚かだったと確信する。われわれは教会のようなものなどではなかった。そして、そんなふうに装おうと試みたことによって、われわれは最悪のカルヴィニスト*のように狂信的で不快で紋切り型になってしまい、カルヴィニストと同じく社会の多数派から反発を買った。……結果的に、われわれをありえないくらい不愉快な狂信者だと

カルヴィニスト
ジャン・カルヴァン（ジョン・カルヴィン）の教えを信奉するプロテスタントを意味するが、イギリスの文脈においてはスコットランドで強い影響力をもつプレズビテリアン（長老派）を指す。イングランドではマイナーな非国教プロテスタントの一派にすぎない一方、スコットランドでは国教会の地位を占める。禁欲と節制を重視して享楽を嫌忌するピューリタン的な性格が強い。

考える公衆をはねつけ、徴兵制をめぐる状況に多少なりとも影響を与えることができなかった。もっとよいパフォーマンスをする能力をもった自国民の多くを、われわれは切り捨ててしまったのだ。

「教会のようなもの」ということばに含意されているのは、自分たちは「殉教者」の集まりだ、といった程度のことだろう。独善的ともいえる孤高を保ってしまったことで、ＮＣＦは「狂信的で不快で紋切り型」の集団と見なされ、もちえたはずの影響力を結局はもてなかった、という痛切な自己批判である（この引用には後段でもう一度論及したい）。

次は、『トライビューナル』（一九一九年八月一四日号）紙上で解散を控えたＮＣＦの活動を振り返るコンテクストにおける文章である。

影響を与えたいと思っている隣人たちから孤立することに比べれば、肉体的な苦痛や獄中の孤独などたやすく耐え忍ぶことができた。われわれ自身の不寛容と、弾圧される者たちの間でほとんど不可避的に頭をもたげてくるある種の精神的プライドによって、われわれはしばしばこの孤立を強めてしまったように思う。

ＮＣＦが孤立するばかりだった主たる要因は、「殉教者」がもちがちな「不寛容」と「精神的プライド」だったというのである。後の祭りではあるが、たしかに率直な反省といえる。

一九二二年刊の書物に寄せられたアレンの序文からは、この問題が単にNCFの前進を阻んだというだけではなく、より本質的といってよい暗部であったとの認識が読みとれる。

あまりにも多くの場合、抵抗者の戦いは半ば尊大なプライドの精神において遂行された。それは、彼らが転覆を志した軍事主義とさして隔たったものではない。……一度はわれわれを憎悪したわが国民には、ただ一つのことを乞いたい。祖国を愛しているからこそわれわれは活動するのだ、ということばを信じてくれるようにと。

NCFに浸透していた「半ば尊大なプライドの精神」は軍事主義のそれと大差ない、これはきわめて深刻なことばと受けとめるべきである。両者に通底するのは独善性であろう。そして、直後に補われているのが愛国心の表明であることも見逃せない。絶対平和主義に拠って立って「人間のブラザフッド」を展望する立場からすれば、決して相性がよいとは思えない愛国心を持ち出して、「殉教者」が有しがちな独善性を中和せんとするかのようである。

戦勝に向けて力を尽くす国民の多数派をしたり顔で高見から見下ろすCOsが集まってシティズンとしての権利を主張しようとすればどれほどの反発を招

くか、それを劇的に示す場面となったのが、一九一六年四月八〜九日に開催されたNCFの第二回全国代表者会議であった（図24）。敵対する群衆が会場を取り囲み、怒号が飛び交う騒然たる雰囲気の中での開催となったのである。アレンの回想にはこうある。「われわれが国民の間で完全に孤立していたというのは、まさに本当のことだった。……会場のホールの外では大波のごとき敵対的な群衆が猛然と突入を試みていた。われわれの集会が群衆をあまり強く刺激しないようにと、拍手をすることさえやめねばならなかった。［代わりに］行われている演説への賛意を示すため、沈黙のままハンカチが振られた。忘れられない光景である。」ジャーナリズムの報道もきわめて敵対的であった（図25）。『イヴニング・スタンダード』によれば、COsとは厳しい処罰に値する「臆病者の徒党」に他ならなかったし、『グラスゴウ・ヘラルド』はCOsを投獄し、戦後には国外追放にすべきだとまで主張した。この全国代表者会議が、自分たちを敵視する世論の現実をCOsが骨身に沁みて実感する機会となったことは間違いない。

こうした敵対的世論を効果的に説得できるような反徴兵制

図25　『デイリ・スケッチ』紙上で揶揄されるNCFの役員たち

図24　NCFの第二回全国代表者会議

の語りを、結局のところ、ＮＣＦは見出すことができなかった。それゆえ、彼らの徴兵制への抵抗活動は、仲間内の連帯を別にすれば、孤立したものとならざるをえなかった。孤立に苦しむＮＣＦを尻目に、一九一六年五月には第1章で見たように徴兵制が拡張され、ＮＣＦはますます厳しい状況に直面することとなるのである。

5　弾圧の中で

総徴兵制の導入とちょうど同じ頃、治安当局はＮＣＦに対する本格的な弾圧に乗り出す。強硬姿勢に転じたことがはっきりと示されたのは一九一六年五月一二日、ＮＣＦのリーフレット『兵役法を撤廃せよ』には「国王陛下の軍隊の募兵と規律にとって有害」な内容が含まれているという理由で、全国委員会のメンバー八人（アレンと既に投獄されていたＣ・Ｈ・ノーマンを除く全員）が起訴された。翌日にはロンドン市警察裁判所で八人に有罪判決がくだされ、八人のうち三人についてはＮＣＦが罰金を支払い放免となったが、ブロックウェイを含む残る五人は入獄した（図26、図27）。

ラッセルが起訴されたのは、同年六月五日のことである。罪状は、別のリーフレット『良心の求めに背くことを拒み二年間の懲役』において「国王陛下の軍隊の募兵と規律にとって有害」な記述を行ったことであった。判決は有罪

図26　ロンドン市警察裁判所に出頭するＮＣＦ全国委員会のメンバーたち

図27　陸軍に引き渡されるブロックウェイ

（罰金刑）、この事態を受けて、六月一一日にケンブリッジ大学トリニティ・カレッジはラッセルから講師資格を剝奪し、国内外より激しい批判を浴びる。さらに、同年一〇月には、ハーヴァード大学での講演に赴こうとするラッセルが、「反イギリス的プロパガンダ」を行わない旨の誓約を拒んだため、パスポートが発給されない事態も生じた（イギリス国内の移動も制限された）。ラッセルの受難はこれで終わらない。一九一八年二月一一日、アメリカ軍がイギリスやフランスに駐留する事態となった場合、駐留軍はストライキを威嚇する目的に利用されうるとの趣旨の記事を『トライビューナル』に掲載したという罪状で再び起訴され、今回は六ヵ月間の獄中生活を経験することになる。トリニティ・カレッジの講師資格が回復されるのは一九二〇年一月になってからである。

弾圧の対象となったのは著名な指導者たちだけではない。ラッセルが起訴されたのと同じ六月五日には、NCF本部が警察の捜索を受け、文書が押収された。以降七月中旬にかけて、支部レヴェルの役員たちが次々と逮捕されてゆく。一九一六年七月からは、『トライビューナル』の海外への積み出しも禁止となった。同紙は創刊当初よりさまざまな妨害にさらされてはきたものの、その刊行そのものの禁圧に治安当局が踏み切るのはやや遅く、一九一八年二月一五日、NCF本部から最新号のすべてのコピーと定期購読者や配布者のリストが押収された。しかし、別の印刷所の協力を得て、翌週にも予定通り『トライビューナル』は発行された。四月二五日号の『トライビューナル』には、以下のような抵抗の決意表明が掲載されている。

わが国にはもはや出版の自由はない。新聞は……われわれを軍事主義で締めつけようとする者たちの卑屈な手先となっている。しかし、……われわれは怖じ気づいたりはしない。それを伝えることが責務であると信ずるメッセージを携えて進んでゆくだろう。暴力という手法が無用になる生活のあり方のヴィジョンを、スコットランド・ヤード［ロンドン警視庁］を含めた世界に示すことを、われわれは試みている。暴力の精神とわれわれが堅持する理想との抗争の最終的な帰結について、怖れを抱いてはいない。

第2節で述べた通り、執拗な弾圧にもかかわらず、『トライビューナル』は一九二〇年一月八日の最終号までコンスタントに発行されつづけた。印刷所が警察に踏み込まれても大丈夫なように小型の手動印刷機を用意するなど、ＮＣＦが先手をとって対応した成果である。

最高指導者たるアレンの投獄に至る経緯は以下のようであった。まず一九一六年三月一四日、アレンはバタシー地方審査局での聴取に臨み、兵役免除の申請を却下される。裁定を不服としてギルドホール上訴審査局への上訴手続きをとり、四月一〇日に二度目の聴取を受けたうえ、一ヵ月以内に「国にとって重要」な仕事に就くことを条件とする兵役免除の認定を獲得する。地方審査局の却下裁定が覆された稀な例であるが、全面免除のみ受けいれ可能という原則から、アレンはこの条件つきの免除認定を拒否し、平和運動こそが「国にとって重要」な仕事に他ならないとの態度を貫いた。いうまでもなく、こうした言い分をペラム委員会は認めず、七月三一日には免除認可証の無効が宣告されて、裁定はNCCへの入隊に切り替えられることとなる。警察へ出頭したアレンは八月一一日に脱走兵として認定され、同日中に陸軍への引き渡しが行われる。エセックスのウォーリ兵舎に収容されてからも、健康診断の拒否をはじめとする命令不服従をつづけたため、ほどなくして営倉で軍法会議を待つ身となる。八月二三日の軍法会議の結論は一年間（後に一一二日間へと短縮）の懲役刑であった。以降、一九一七年一二月に健康不良を理由に釈放されるまで、アレンはほぼ連続的に三度にわたる刑期を務めてゆく。出獄時には彼の体重は五〇キロにまで激減しており、結核菌に蝕まれたため、右の肺はもはやまともに機能しなかった。一五ヵ月以上に及んだ獄中生活は、アレンの健康を半永久的に奪ってしまったのであり、出獄後に待っていたのは繰り返し病床に伏す生活であった（図28）。

ちなみに、アレンを欠いた時期のNCF議長の職務はまずブロックウェイが、一九一六年一一月のブロックウェイの投獄後はラッセルが、さらに一九一八年一月からは全国委員会のメンバーであったアルフレッド・ソルターが代行した。ILP党員の医師ソルターは、すべての戦争をキリストの教えに反するものと

図28　出獄直後のアレン

して禁忌するキリスト教平和主義者であった。

6 支援活動

徴兵制の施行以降、NCFにとって最も重要な任務となったのは、審査の末さまざまなかたちで辛酸を嘗めさせられていたCOsへの支援活動である。面会を組織する訪問局や釈放・処遇改善の運動を担うキャンペーン局については上述したが、軍令Xが発せられる以前の段階では、陸軍に引き渡されたCOsへの苛酷な処遇を暴露することが一つの焦点となった。『トライビューナル』紙上には陸軍における「虐待」の事例が再三にわたって掲載され、陸軍批判をテーマとするリーフレットやパンフレットが数多く刊行された。呼応するように、議会でもスノーデンをはじめとする議員たちが継続的にこの件を持ち出した。とりわけ注目を集めたのが、政府にも知らせぬまま陸軍がCOsをフランスに移送し銃殺刑を宣告した、という第2章で見たエピソードであり、ハーヴィの表現を用いるならば、「わが国の最も誇るべき財産」に他ならない「自由と宗教的寛容の伝統」を掘り崩し、「国民生活のまさに根幹」を揺るがすフランス移送の措置は、『トライビューナル』紙上でも議会でも大きなスキャンダルとしてとりあげられた。銃殺刑は執行されなかったとはいえ、「陸軍の暴走」への憤りはCOsに批判的な世論にも浸透した。内務省スキームが導入されるに至る要因の一つは、たしかにこうして広がっていった陸軍批判であった。NCFの活動がその中で重要な意味をもったことは間違いない。

COsを支援する活動の前提は丹念な情報収集であり、アレンもこの点を強調している。

> われわれの責務は、陸軍に引き渡されたすべての者たちを見守りつづけ、彼らの闘争についての情報を広く知らしめることができるよう、可能な限り効率的な機構を備えることである。はなはだ重く困難な課題であるが、しかし、これまでわれわれはそれに成功してきた。……
> ……陸軍が有する巨大な権限にもかかわらず、囚われの身の良心的兵役拒否者たちに与えられる処遇を秘密のままに保つことは不可能であった。彼らは、われわれの大義に影響力のある支持が寄せられていることを意識せずにはいられなかったのである。

COsの居場所や処遇に関する記録局の情報収集は、陸軍省からさえ照会要請を受けるほど、きわめて高い水準で遂行され、COsの処遇改善を目指す活動にとって不可欠の基礎資料となった。NCFによる監視を意識しなければならない以上、陸軍にせよ内務省にせよ、そうそう恣意的にはふるまえなかったわけである。

また、ＣＯｓの家族も支援の対象となった。獄中のＣＯｓにも一般の兵士と同様の金銭的待遇を与えるというのが陸軍の方針であったにもかかわらず、彼らの家族には別居手当が支給されず、ＮＣＦからの支援の手が差し伸べられないなら、困窮に陥るしかなかった事例は少なくない。ＣＯｓの家族を支援するための機関として、一九一六年二月には、扶助国民小委員会が結成されて、ここでもＮＣＦの関係者が中心的な役割を担った。さらに、マクドナルドを先頭とする有力な社会主義者やクエイカーによる募金活動も展開された。ＣＯｓの道を選ぶことは、多くの場合、家族にも（さらには知人にも）なんらかのストレスを与えざるをえないという意味で、純然と個人的な性格のものではありえなかったのであり、ＮＣＦとしても、この点への配慮が欠かせなかった。

兵役対象年齢の指導者のほとんどが拘束の下に置かれた一九一六年夏以降、こうしたＣＯｓへの支援活動をリードしたのはアソシエイトから成る新たな全国委員会であった。誰よりも奮闘したのが書記代行となったマーシャルである。もちろん、議長代行としてスポークスマンの役割を担ったラッセル、あるいは、財政的に組織を支えつづけたグラブの存在は軽視できないし、また、陸軍省と協調してでもＣＯｓの処遇改善を実現しようとするマーシャルのやり方に対して、実質的に兵役法の運用を手助けする意味をもってしまう、ＮＣＦは「閣僚や陸軍省官僚を接待するための団体」ではない、といった批判があったのも事実だが、彼女こそが苦境にあったＮＣＦを背負う存在であったことは疑いもない。そして、一九一八年に入り、さすがのマーシャルにも肉体的・精神的限界が近づいてきたのと軌を一にするかのように、NCFの活動も衰えてゆく。一九一八年九月に六ヵ月の獄中生活を終えたラッセルも、NCFがやってきたような抵抗にはもはや積極的な政治的価値はないとの認識から、その活動に復帰しようとしなかった。

7　終戦後

一九一八年一一月にはついに休戦が合意されるが、刑務所やワーク・センターのCOsが直ちに自由の身となったわけではない。兵士たちの任務が解かれるまではCOsの釈放には着手しない、これが政府の基本方針であった。COsが早々に社会復帰し、先手をとって雇用を確保してしまう事態になれば、依然として動員解除されない兵士たちの怒りを買うことになると懸念されたためである。一九一九年四月には絶対拒否者の釈放が始まるものの、陸軍相チャーチルがすべてのCOsを釈放する意向を表明するのはようやく同年七月になってから、最も遅い例でいえば、一九二〇年二月まで刑務所に残った者がいる。ちなみに、NCCが動員解除されるのは一九二〇年一月である。

戦後の徴兵制の扱いについて、ここで確認しておこう。この問題は休戦直後の一九一八年一二月に行われた総選挙の争点の一つであり、労働党のマニフェストは徴兵制の廃止を明確に掲げた。一九一六年一二月から首相として保守党主導の連立政権を率いてきたロイド・ジョージも選挙運動中は徴兵制の廃止をほのめかし、ポスターには「徴兵制廃止のために、首相に投票せよ」との文字が躍ったが、しかし、総選挙で圧勝した後の施政方針演説では、「戦勝がもたらした果実のすべて」を収穫し、世界の平和を守るうえで徴兵制の運用継続が必要であることが力説された。チャーチルも、ドイツの報復戦を不可能とするために徴兵制の延長を求める立場にあった。結局、一九一九年三月六日の庶民院に、一九二〇年四月三〇日まで徴兵制の運用を継続する趣旨の海軍・陸軍・空軍兵役法案が提出される。チャーチルの弁明はこうである。

……有権者にこう述べておくべきだったのでしょう。「私たちにはわが国に恒久的な徴兵制を打ち立てるつもりはありません。徴兵制が終わることを願っています。しかし、はっきりと申し上げておきますが、占領期を終了させるために必要となる暫定的な徴兵法案を出さねばならないかもしれません」と。こう述べておく方がよかったのだろうと私も考えます。しかし、こう述べたからといって有権者がそれに反発しただろうとは個人的には思えません。……現在の議会は、戦勝の果実を確保したいという国民のあらゆる階級の思いが大変に強いうねりとなって選出されたものです。私の確信するところ、選挙の際に「徴兵制なしでは戦勝の果実を確保できません」と述べたなら、有権者はこういったことでしょう。

「よし、徴兵制をもたねばならないのだな。かくも長期にわたって、かくも多大な苦難を伴って追求してきた結末を得ることを邪魔されないようにしよう」と。

法案は四月一六日に成立した。最初の兵役法案の提出に際し、アスクィスは「戦時にのみの法案」であると明言していたが、実際には休戦から一年半にもわたって徴兵制は維持されたのである。

さて、長らく待望していたはずの休戦が現実となった時、ＮＣＦのメンバーたちの胸中に去来したのはどんな思いだったのだろうか？　多くの場合、それは苦渋に充ちた孤立感であり、無力感であった。アレンはこう綴っている。

他の国民と一緒でありたいと、彼らの歓喜とその理由を共有したいと、この時ほど強く切望したことはなかった。……戦争が終わりそうだということは、私にも嬉しかった。しかし、誰もが心を高揚させているこの達成に、私はまったく役割を果たしていなかったのだ。

こうした思いを味わったのは、アレンだけではない。ラッセルの自伝には次のようにある。「戦争が終った時、自分がやってきたことが自分自身にとって以外はまったく無益だったことがわかった。私はたった一人の生命を救いもしなければ、たった一分も早く戦争を終わらせもしなかった。ヴェルサイユ条約の原因となった敵意を弱めることにもなんら成功しなかった。」NCFの抵抗運動など自己満足でしかなかった、という実に苦い総括である。休戦を祝う国民を目の当たりにして、一緒になって喜びあうことができない自らの孤立と休戦の実現に貢献したわけでもない自らの無力とを、COsは痛感したのだと思われる。こういった意味で、休戦は彼らにとって心理的な敗北の経験であった。

このような休戦経験が、大戦中の自分の行動は正しかったのか、との疑問を浮上させることは避けがたい。獄中闘争その他を通じて自らの思想・信条への忠実さは実践的に証明されたかもしれないが、結局それは自己満足以上のものではなかったのではないか、と。第4節、一〇六頁で引用したアレンの日記（一九一九年二月一日）を、もう一度見ておきたい。

……「私たちは教会のようなものだ」といったことばを用いたのは愚かだったと確信する。われわれは教会のようなものなどではなかった。そして、そんなふうに装おうと試みたことによって、われわれは最悪のカルヴィニストのように狂信的で不快で紋切り型になってしまい、カルヴィニストと同じく社会の多数派から反発を買った。……結果的に、われわれをありえないくらい不愉快な狂信者だと考える公衆をはねつけ、徴兵制をめぐる状況に多少なりとも影響を与えることができなかった。もっとよいパフォーマンスをする能力をもった自国民の多くを、われわれは切り捨ててしまったのだ。

ＮＣＦが帯びがちだった独善性を鋭く衝き、独善性ゆえに国民から孤立したＮＣＦがもちえたはずの影響力をもてなかったことを厳しく自己批判することばである。一九二二年には、「平和主義や社会主義の見解を広める手段として見た場合、徴兵制への抵抗の価値は過大評価されてはならない」と記してもいる。ラッセルもまた、大戦期のＣＯｓについて、次のような見方を示した。「集団の外に位置する性癖があまりにも沁みついてしまい、誰とも、どんなことについても、協力できなくなった者もいた。」これまた、孤立（孤高）へと流れがちだったＮＣＦに対する厳しい評価である。独善→孤立→無力、という悪循環からいかに脱却するか、アレンもラッセルも、そしてまた少なからぬ他の元ＣＯｓも、戦後の新たな情勢の中でこの問いへの回答を各々に模索してゆくことになる。

徴兵制の運用は継続されていたものの、終戦によって情勢が一変し、ＣＯｓの釈放も始まったことを受けて、ＮＣＦの解散が決定される。一九一九年一一月二九〜三〇日の全国代表者会議が、最後の全国代表者会議となった。アレンの演説をやや詳しく見ておきたい。

……すべてのセクションの良心的兵役拒否者たちが一つの共通の目的を達成したのは、意義深い事実であります。私たちは皆、軍事機構の呪縛を打ち破ったのです。

武器をとることを拒否して非戦闘部隊に配属されたのか、代替業務に就労したのか、内務省スキームの中にいたのか、絶対拒否者として獄中に残ったのか、そんなことは問題ではありません。私たちは皆、軍事主義の無謬性を粉砕したのです。私にいわせれば、これは偉大な成果であります。……

……

……そのように論ずる人々もおりますが、私たちが戦争は悪だという信念をもつのは、戦争に伴う災禍ゆえというよりも、戦争の過程が、そして戦争の存在そのものが人間相互の関係についての根本的に誤った概念に依っているがゆえなのです。私たちの基礎となる「人命の神聖」というフレーズは大変に批判されました。このフレーズで私たちが伝えたいのは、平和主義とは人間に互いを尊敬するよう説く哲学である、ということです。私たちの戦争批判が人間の相互関係についてのこの根本的な哲学に由来しているがために、私たちの決意を揺るがそうとする他の人々の主張を容認できなかったのです。

……

自らの国に対する不忠という非難をどうすれば回避できたのかはわかりません。しかし、これまでもそうだったように、自己の信念に忠実でありつづけたことで、そのために諸国が戦争に踏み切った自由、まさにその観念そのものの維持に貢献できたのだと確信しつつ、私たちがシティズンシップにおいて真正であると評価されることを今は願いたいと思います。……私たちのとった立場は真正なシティズンシップの表現でありました。

解散のための全国代表者会議という場の性格に規定されてか、さきに見た孤立、独善、無力、といった自己批判的な評価は避けられ、いかなる立場を選んだにせよ、すべてのＣＯｓが軍事主義に打撃を与えたことがポジティヴに総括される。「人命の神聖」、シティズンシップの実践、等、アレンが強調するポイントは最後まで一貫していたといえる。

全国代表者会議では、一つのメッセージが異彩を放った。Ｈ・Ｇ・ウェルズ*から寄せられたそれである。

> 貴方たちの会合に送りうる唯一のメッセージはこうです。自分たちの生命を捨てずにすんだ良心的兵役拒否者たちは、ヒロイックな態度を慎まなければなりません。そして、侵略的なドイツの軍事主義が打倒されたことで可能になった世界の和解を実現すべくできる限り熱心に努めることによって、死者に対して礼儀に適った感謝の意を表すのです。

ウェルズは、熱烈な大戦支持派だったと同時に、大戦は「戦争をなくすための戦争」に他ならない、という広く人口に膾炙したスローガンの普及に大いに貢献した人物でもある。一九一四年刊の『戦争をなくすための戦争』（図29）では、

＊**ハーバート・ジョージ・ウェルズ**　一八六六～一九四六年。小説家・思想家。『タイム・マシン』（一八九五年）、『モロー博士の島』（九六年）、『透明人間』（九七年）といった作品で、ＳＦ小説の先駆者となる。フェビアン協会のメンバーだった時期もあり、社会問題をとりあげた著作も発表した。大戦期以降、新たな国際秩序構想として「世界国家」を提唱した。

大戦を「世界の狂気を追い払い、一つの時代を終結させるための戦争」「平和に向けた戦争」と規定し、こうつづけた。「この戦争が目指すのは、このような事態を永久になくすような決着である。現在ドイツと戦っているすべての兵士は戦争に対する十字軍の戦士なのだ。あらゆる戦争のうちでも最大のこの戦争は単なる一戦争ではない。それは最後の戦争なのである。」また、一九二六年には、あらゆる国の徴兵制の廃止を提案するよう国際連盟*に呼びかけるマニフェストに署名を寄せてもいる。ウェルズは平和主義者と呼ばれてもおかしくない人物だったのであり、自分たちの頑張りを称えあう最後の全国代表者会議に水を差すメッセージだったことは否めないものの、ある種の配慮が込められた忠告と受けとめるべきだろう。「世界の和解」への見通しを切り開いたのはCOSではなく生命を賭けて戦った兵士たちなのだ、という趣旨は、アレンやラッセルが口にした孤立感や無力感にも通ずる。解散にあたっていかに自画自賛的な総括を行おうが、圧倒的多数の見方がウェルズのメッセージに近かったことは否定できない。ここには、NCFの抵抗運動を評価するうえで、あるいはNCFの活動家たちのその後の歩みを理解するうえで、有効な手がかりが含まれているように思われる。

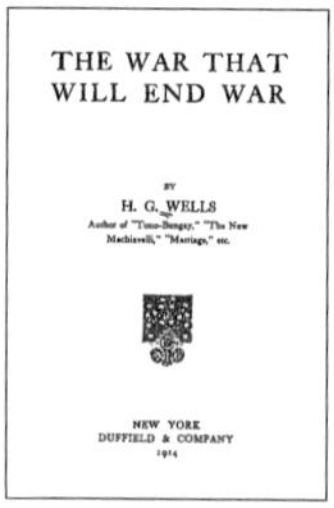
THE WAR THAT
WILL END WAR
BY
H. G. WELLS
Author of "Tono-Bungay," "The New Machiavelli," "Marriage," etc.
NEW YORK
DUFFIELD & COMPANY
1914

図29　ウェルズ著『戦争をなくすための戦争』（同書表紙、NEW YORK DUFIELD & COMPANY刊）

国際連盟　第二八代アメリカ大統領ウッドロウ・ウィルソンの提唱を受け、一九二〇年に設立された平和維持のための国際機関。発足時の加盟国数は四二、アメリカが加盟しなかっただけでなく、当初はドイツ（二六年に加盟、三三年に脱退）やソ連（三四年に加盟）も加盟を認められなかった。日本（三三年）やイタリア（三七年）をはじめ、三〇年代には脱退国が相次ぎ、平和維持の機能に重大な疑問符が付されて、権威を喪失した。第二次大戦の勃発とともに、活動停止状態となる。

むすびに代えて——戦間期との接続

第2章で指摘したように、COsの数は入隊者合計のわずか〇・三三%、圧倒的な少数派だったことは争われない。世論の大勢は「コンチー conchie」という蔑称を用いて彼らに激しい敵意を向けた（図30）。ご立派なきれいごとを弄してはいるものの、「コンチー」とは要するに無責任な臆病者にすぎない、これが支配的な認識であった。フランスに送致して銃殺刑を言い渡す、などという荒っぽいやり方が実行されたのも、あるいは、COsの国外追放と教職からの排除を求める決議案が貴族院に提出されることさえあった（一九一七年一一月二八日）のも、こうした世論の動向に支えられたところが大きい。COsを意に反して入隊させることに反対し、NCFに対する弾圧にも批判的だった『ガーディアン』のような新聞にしても、入隊はしないまでも、少なくとも「国にとって重要」

図30　反戦・平和集会に敵対する群衆

な代替業務くらいは遂行すべきだ、という主張は譲らなかった。世論の支持を得られず、徴兵制の運用を挫くこともできなかったという意味で、同時代においてCOsが多くを達成したとはいえない。

また、第3章で見たアレンやラッセルの自己批判、ウェルズのメッセージ、等を踏まえるなら、苦境に耐えてよく頑張った、といった通り一遍の評価をNCFに与えてすますわけにもゆかないだろう。NCFの抵抗運動にかかわる収支決算はかなりデリケートな作業になる。まず、一九一九年八月一四日の『トライビューナル』に掲載されたアレンの文章を見てみよう。

> ……そのメンバーシップをはるかにこえて、NCFは抵抗への意志の伝播を促しました。今、NCFは勝利を宣言し、他の諸団体により幅の広い任務を手渡したいと思います。

この「勝利宣言」がNCFの解散を控えた時期、つまり健闘を称えるような総括が行われやすい時期のものであること、そして、アレンの口からは自己批判的な評価も発せられていたことには留意が必要だが、「勝利」が語られる根拠が「抵抗への意志の伝播」にある点は確認されてよい。NCFを積極的に評価せんとする場合、頻繁に持ち出されるのは世論への影響という成果であり、それが戦後の「より幅の広い任務」に接続されるのは、NCFが徴兵制の導入・

運用の阻止にほとんど成果をあげられなかったことを思えば、当然の論じ方だといえる。

戦間期の世論動向を見てみれば、ＮＣＦの抵抗の実績が軽視できない力を行使したことは明らかである。大戦を経験したイギリスでは戦争を忌避する言説が世論に広く受けいれられてゆき、大戦期のＣＯｓについても好意的な見方が浸透した。一九三一年の時点で、バーナード・ショーは、「勇気だけを問題にするなら、コンチーは大戦の英雄だ」と述べている。二度と戦争に巻き込まれたくないという思いの広がりゆえ、「コンチー」への否定的評価は覆され、反戦・平和の灯を守った人々として、彼らは称揚の対象にさえなった。西部戦線での従軍経験をもつアイルランド選出のナショナリスト議員スティーヴン・グウィンが一九一七年六月二六日に庶民院で行った次の演説は、戦間期に広く見られた元ＣＯｓへの高い評価を先取りするものといえる。

私は戦争を目撃してきた者としてお話ししています。私が思うに、戦争を目撃したことがある誰もが一つのきわめて強い願望をもっています。この世界から戦争を廃絶したい、という願望であります。これらの人々［ＣＯｓ］が……戦争の廃絶に向けた戦いで力を発揮する最善の人々ではない、などと信じることは私にはまったくできません。彼らに関して何人も否定しえないものが一つあります。……群衆を前にした個人の勇気であります。この勇気はすべての国家が保護し守るべきものです。この勇気は、なににも増して、自由の方向を指し示すのです。

COsであった過去、とりわけ獄中闘争の経験は、政治的なキャリアを志すような場合に、今やプラスの意味をもちえた。NCFの元メンバーが議員の地位を獲得した例は二桁に達するし、アレン、ブロックウェイ、ラッセルは爵位まで得ている。反戦・平和の主張を受けいれる世論の構築に寄与したという意味で、NCFの「勝利」を語ることはたしかに不可能ではない。ただし、こうした「勝利」があくまでも事後的な現象にすぎないことは確認しておく必要がある。

また、戦間期のイギリスで主流になった反戦・平和の主張は、必ずしもNCFの基調であった絶対平和主義だったわけではない。世論を最も強く惹きつけたのは、国際連盟を通じた集団的安全保障による平和維持・戦争回避を目指す平和論であって、なんらかの制裁（場合によっては軍事的な制裁）を是認するという意味で、それは明らかに絶対平和主義とは一線を画していた。とりわけ、国際連盟への期待が総じて高い水準にあった一九二〇年代の場合、国際連盟が担い手となる平和維持の構想にはある程度以上の説得力が伴っており、こうした中、絶対平和主義には、本質的に個々人の内面にかかわる信条であって、政治的な実践からは切り離されている、というイ

図31　アメリカ大統領ウィルソン、フランス首相クレマンソーとともに講和会議に向かうロイド・ジョージ

メージがどうしてもつきまといがちであった。したがって、世論への影響にかかわるNCFの「勝利」は部分的にすぎなかったと見なすべきだろう。

さらに、NCFの指導者の多くが戦争そのものの廃棄と戦争を誘発しないような戦後体制の構築を自らの課題と考えていたことに引きつけていえば、ヴェルサイユ条約の対ドイツ報復的性格がナチズムの勃興を招き、結局は第二次大戦に帰結してしまった一九二〇~三〇年代の歴史は、彼らにとって敗北のそれに他ならなかった。事後的かつ部分的だったとはいえ、世論への働きかけには成果を収めたNCFの奮闘の実績を、戦争の廃棄という最大の目標の達成につなげてゆくことはできなかったのである。「勝利」には明らかに留保が付いていた。

もう一つの留保も必要だろう。アレンをはじめとするいわば筋金入りの平和主義者の多くが、戦間期にはいっさいの武力行使を否定していては現実に対処できないという考え方に傾き、絶対平和主義の無効性を認識するようになるからである。ブロックウェイもマーシャルも、そして、一九三〇年代半ばのほんの一時期を別にすれば、絶対平和主義とは距離をとってきたラッセルも、第二次大戦を支持することになる（獄中で発症した結核のため、アレンは開戦直前に死亡）。ナチス・ドイツを打倒するためには軍事力を用いることもやむをえない、という結論に、アルフレッド・ソルターを主要な例外として、かつてのNCFの指導者のほとんどが到達した。第一次大戦期に自らが追求した原則から逸脱したことは否めない。
ブロックウェイの自伝では、ファシズムの脅威と絶対平和主義の限界についてこう述べられている。

この戦争［第二次大戦］は私にジレンマを課した。私は性格上のあらゆる意味で戦争には反対であった。自分が誰かを殺すことなどまったく想像できなかったし、武器を手にしたことも一度としてなかった。しかし、この戦争を引き起こした主たる責任がヒトラーとナチズムにあることは理解できたし、彼らが勝利を収めるようなことなどあってはならぬとも考えた。ある意味で、私にとってのこのジレンマを解決したのはスペイン内戦*であった。ファシストの脅威を眼前にして、もはや平和主義を正当化することはできなかった。私にはバルセロナの労働者革命を防衛する用意があった。しかし、イギリスの資本主義体制と帝国主義政府を防衛したいとは思えなかった。妥協をしなければならなかったのだ。一九一四年にそうしたように、無条件で戦争に反対はできなかった。民間人としての活動については協力しようと思った。そして、望むらくは社会主義革命によってこの戦争を終結させるよう努めたいと思った。

ブロックウェイが絶対平和主義との訣別の必要性を認識したのはスペイン内戦の際であったが、しかし、「労働者革命」が掛け金となるわけではない第二次

スペイン内戦
一九三六〜三九年。人民戦線を基礎とする共和国政府とフランコ将軍が率いる反乱軍の間の内戦であり、共和国軍をソ連が、反乱軍をドイツとイタリアが支援して、第二次大戦の前哨戦ともいえる性格を帯びた。フランスとともにイギリスは不干渉政策をとったが、ジョージ・オーウェルをはじめ、共和国軍の側で戦う多くの義勇兵がイギリスからも出征した。反乱軍の勝利で内戦は終結し、フランコを総統とする独裁政権が樹立される。

大戦の場合、スタンスを定めるのはスペイン内戦の時ほど簡単ではなかった。結局、反ファシズムの戦争を必要悪として支持する一方で軍事的な協力はしない、というまさに「妥協」的な姿勢が採用される。また、第二次大戦を支持する以上、COsに全面的に同調することは難しかったが、それでも、個人の自由への信念ゆえ、彼は反徴兵制同盟を設立するとともに、兵役拒否者中央委員会の議長を務めることになる。

アレンはといえば、制裁を強制できるだけの軍事力をもつ国際連盟を支持する者として絶対平和主義を放棄し、そして、国際連盟が機能不全に陥ると、今度は熱心な対ドイツ宥和論者*となって、一九三八年九月のミュンヘン会談*のお膳立てを整える役割を果たす。この点の詳細を述べる紙幅の余裕はないが、指摘しておきたいのは、一九二〇年代において彼が反戦・平和運動とのかかわりをほとんど絶っていたことである。「非暴力平和主義」の否定を明言した一九三三年七月の演説で、アレンは、絶対平和主義は非政治的であって戦争回避の目的にとって有効でない、との結論に達したのは一六年前のことだと述べている。つまり、絶対拒否者として獄中にあったまさにその時に、自分のとるポジションの無益さに思い至ったというわけである。背景にはロシア革命とそれに伴う労働運動の活発化がある。未来を切り開く力を宿しているかに見えた労働運動や社会主義運動との比較において、絶対平和主義の闘争はいかにも政治的意味が希薄と映るようになったのである。一九二〇年代のアレンが反戦・平和

対ドイツ宥和
ナチス・ドイツの侵略的な動きに対し、その要求にはある程度の正当性が認められるとの言い分の下、譲歩を重ねて、ドイツとの平和的共存を図ろうとする方針の総称。根底には、戦争の回避という最優先課題のためには多少の妥協はやむをえない、という発想がある。ドイツの野望を助長するばかりで、チェコスロヴァキアその他に甚大な打撃をもたらしたあげく、結局は第二次大戦を阻止できなかった、としてネガティヴな評価を受けてきたが、近年では再評価の対象ともなっている。

ミュンヘン会談
一九三八年九月二九～三〇日に開かれたイギリス、フランス、ドイツ、イタリアの首脳会談。ドイツ系住民が多数を占めるチェコスロヴァキア領内のズデーテン地方を割譲せよとのドイツの強硬な要求を、当事者であるチェコスロヴァキアを排除した会談の場でほぼ全面的に認めた。危惧された戦争を回避し、「名誉ある平和」を実現したとして、

運動とかかわりをもたなかったのは、まず間違いなくこうした認識に基づいている。絶対平和主義の放棄を公言する以前から、反戦・平和の大義そのものが色褪せつつあったということであり、こうした意味で、NCF時代の抵抗活動はアレンにとって決定的な経験ではなくなっていたともいえよう。さきの「勝利宣言」で言及されているのが、戦争根絶の志向ではなく「抵抗の意志」の浸透である事実は、NCFの基調であった絶対平和主義への思い入れが早々に冷めていったこととの反映だろう。アレンのいう「勝利」の意味を把握するためには、こうした幾重もの留保を考慮に入れておくことが必要となる。

少し別の角度からNCFの「勝利」について考えておこう。第二次大戦までを視野に収めれば、アレンが語ったそれ以外の「勝利」を見出すことも可能になる。第二次大戦にあたって再導入された徴兵制は（一九三九年五月二六日に軍事教練法が成立、後に平時の教練は戦時の兵役へと切り替えられる）、第一次大戦の際とは大いに異なるやり方で運用された。絶対拒否者に貢献を強いることは避けられたし、全面免除を認められた者の数は第一次大戦時をはるかに上回り、約三〇〇〇に達した（COsの数自体も約六万二〇〇〇に上った）。投獄されたCOsはわずかに全体の約三％にすぎない。さらに、兵役免除審査のプロセスへの陸軍省の影響力は最初から排除され、審査局の議長には判事が据えられた。こうした運用が行われたのは、疑いもなく、NCFの抵抗に手を焼いた第一次大戦の経験を踏まえてのことであった。一九三九年五月四日の庶民院で、首相

イギリスではこの結果を歓迎する世論が支配的だったが、会談でチェコスロヴァキアの主権と独立の尊重が確認されたにもかかわらず、三九年三月、ドイツはプラハを占領することになる。

ネヴィル・チェンバレン*はこう演説している。

軍事作戦に従事している人々を助け、元気づけるためになにもしないことこそ自分の責務だと感じる人のような、きわめて極端なケースも存在します。……私たちは、さきの大戦の際にこうしたケースについて少々学びました。そして、このような人々を自分の原則とは正反対のやり方で行動させようと試みても無駄であり、時間と努力の馬鹿馬鹿しいほどの浪費であることを理解した、と私は考えています。

ネヴィル・チェンバレン 一八六九～一九四〇年。保守党の政治家。バーミンガム市長、郵政相、財務省主計長官、保健相、財務相を歴任した後、一九三七年から挙国政権の首相を務めるが（図32）、対ドイツ宥和政策を推進するめ、第二次大戦の勃発を阻止することはできず、四〇年に首相の座をチャーチルに譲って枢密院議長となる。

NCFの「勝利」を裏書きする演説といえよう。第二次大戦期の反徴兵制運動が第一次大戦期ほどの広がりを見せなかった理由の一つは、徴兵制の運用自体の寛容さにあった。

とはいえ、徴兵制が再導入された事実そのものの重みもまた、銘記しておくべきだろう。「［兵役の］強制は私たちが暮らす民主主義の制度と親和的でないし、私たちがずっと維持しようと努めてきた自由の伝統と矛盾している」との認識をつい数ヵ月前には表明していたにもかかわらず、ナチス・ドイツによるチェコスロヴァキア侵攻（一九三九年三月）という事態を受けて、チェンバレンは徴兵制の再導入を強いられる。そして、第一次大戦の時ほどの論争もないま

図32　対ドイツ宥和に奔走するチェンバレン

ま、国民の圧倒的多数は徴兵制への回帰を支持したのである。戦間期にいったん廃止されたとはいえ、イギリスは徴兵制を当然の選択肢として留保する社会へと明らかに変質したといえる。

一九世紀以来の「徴兵制」ということばへの抵抗感はどうなったのだろうか？　ＮＳＬは一九二一年三月に解散したが、一九三八年一〇月、初代書記であったシーは既視感の濃い次のようなアピールを発表している。「正規軍における「徴兵制」とは異なる……「ナショナル・サーヴィス」はすべてのヨーロッパの民主主義国で採用されています。きわめて広範に基盤とされているのは、理想の民主主義を実現しているスイスの事例です。」第一次大戦の終結から二〇年になろうとしている時点で、「ナショナル・サーヴィス」と「徴兵制」とを峻別し、「スイス型」を持ち出して前者の民主的性格を強調しようとする古色蒼然たる議論が繰り返されていることには感慨を覚えざるをえないが、しかし、既にこの頃には「徴兵制」も「ナショナル・サーヴィス」も、あるいは「ユニヴァーサル・サーヴィス」も、ほとんど互換可能なことばとなっており、反発を危惧して「徴兵制」との表現を回避する必要などもはやなかった。徴兵制を実際に経験ずみのイギリス国民にとって、この制度にいかなることばを冠するかはさしたる重大事ではなくなっていたのである。

一九三九年に制定された徴兵制は第二次大戦後も長きにわたって維持され、最終的に徴兵が停止されるのは一九六〇年、徴兵による最後の兵士が動員解除されるのはその三年後になってからである。徴兵制に終止符が打たれた一番の理由は、核抑止力による防衛に戦略の主眼が移り、総力戦の時代が去ったことだろう。二〇世紀後半以降の戦争はいずれも「限定的」であり、国民を軍事目的に向けて総動員することはもはやアナクロニズムと化したわけである。徴兵制と総力戦とが文字通り不可分の関係にあったことが了解される。

最後に、COsが示したような抵抗はあったものの、第一次大戦期のイギリスで徴兵制への移行が比較的すんなりと実現したのはなぜか、考えておこう。歴史的な一歩が随分あっさりと踏み出された理由の一つは、志願入隊に任せていると、軍務に就くよりも国内での活動に従事する方が望ましい者たち、とりわけ専門的な知識や技能をもつ者たちが少なからず戦地に出てしまうことである。志願制が敷かれていた段階における入隊率を見ると、入隊者の圧倒的多数を占めた労働者のうちでは、不熟練労働者よりも熟練労働者、ブルー・カラーよりもホワイト・カラーが積極的に入隊していた。さらに、入隊率は社会的地位が上がるほど高く、しかも、士官の死傷率は兵卒のそれを上回ったから、人口比で見れば、階級が上であるほど犠牲者も多かった。オクスブリッジの学生の多くが中尉や少尉といった最も危険な地位に就いたことはよく知られているところだが、彼らは不熟練労働者のおよそ五倍の確率で戦死したという。一口に要約するなら、社会を指導すべきエリートほど戦場に赴き、死傷しがちだったのである。総力戦を戦い抜こうと思えば、そして戦後のイギリスを思えば、これらの者たちを保護することがどうしても必要であった。

兵役を国民に強制する際、頻繁に用いられたキャッチフレーズは「負担の平等」であり、国民の側も概してこのキャッチフレーズを受けいれて、「負担」を背負おうとしないCOsに敵意を向けた。一九一五年六月四日の『タイムズ』論説によれば、徴兵制の目的は、「現下の戦争が要請する犠牲を平等化し、隣人の愛国心につけこみ悪用する者が出ないよう計らうこと」であって、こうした意味で、「真の徴兵制」を「非民主的」と見なすのは「馬鹿げて」いた。

しかし、「負担の平等」が叫ばれる一方、徴兵制には特定の人々（端的にはエリート）を温存し、別のタイプの人々の生命を優先的に危険にさらそうという意図が込められていたことも見逃せない。図式的にいってしまえば、エリートよりは労働者を、同じ労働者でもホワイト・カラーよりはブルー・カラーを、戦闘のコマとして使いたかったのである。つまり、「平等」とはいうものの、すべての国民の生命が等価と見なされたわけではなく、いくらでも代替可能と思われる不熟練労働者のような人々から先に戦場に送り出そうという狙いが、徴兵制の背後には明らかに存在した。

一九一五年六月一六日のNSL年次大会で聞かれた次の演説は、徴兵制の狙いがどこにあったかをあからさまに伝えるものといえる。


……まず最初に必要なのは、戦争業務のよりフェアな分配です。今現在、殺されているのはベストの人々です。最初に志願入隊するのはベストの人々なのです。最も愛国心を欠いている者たち、最も冒険心や責任感を欠いている者たちが安全な場所に留まり、仲間によって与えられる保護を享受しています。こうして個々人に降りかかる負担がアンフェアであることは、それ自体、帝国やわが国の人種的力にとって危険です。

イギリスと帝国の将来を担うべき「ベストの人々」を保護し、国内に残っていても役に立たないような者たちに代わって戦闘の負担を背負わせること、徴兵制がもたらすであろう「よりフェアな分配」の内実はここにあった。ウォルター・ロングの回顧録からも、「フェア」の意味するところを窺い知ることができる。「徴兵制を採用すべきだと私が確信していた理由は二つある。第一に、徴兵制なしではわが国は多くの兵士を獲得できないと考えられたこと。第二に、年齢や各々の私的な責任にかかわらず兵役に就かされる人々がいる一方、そうした人々より若く責任もないのに入隊を拒む者たちが国に残されるのは、大変にアンフェアだと思われたこと。……私の見方では、こうした難しい状況を打開できる唯一の方法が徴兵制であった。」「若く責任もない」者たちから戦場に送り出すことが「フェア」だというのである。これほどあからさまな書き方ではないものの、『ガーディアン』が示す以下のような議論にも、同様の認識が孕まれている。「……総徴兵制の一つの大きな利点は、軍隊に充てられる人員を選択するシステム全体を新たな方針に沿って再構成し、軍隊に対してより良質な人材を供給すると同時により効果的に産業の効率を保全することが可能になる点である。」徴兵制とは政府の意図に沿ったマンパワー配置を可能にする制度であり、この場合の意図にはエリートの保護というそれも含まれていた。そして、この点にこそ、徴兵制と民主主義の間の本質的な矛盾が最も鮮明に露呈しているように思われる。

また、二一歳以上の男性の普通選挙権と三〇歳以上の年価値五ポンド以上の不動産保有者（ないし保有者の妻）である女性の選挙権を認めた一九一八年二月成立の国民代表法に、法的な意味での終戦日である一九二一年八月三一日より五年間にわたって、全面免除者および絶対拒否者から選挙権を剝奪する規定が盛り込まれたことも、徴兵制と民主主義という論点に関連してきわめて重要だろう。この規定に込められているのは、戦時に国のために武器をとらなかった者は国民としての権利に値しない、というメッセージに他ならない。一九一七年一〇月二五日の『タイムズ』論説は明快に論じている。「どんな理由によるにせよ、シティズンとしての責務の遂行を頑強に拒んできた者たちは、自らを永久に社会の外に置いたのであって、社会による保護や市民権の享受を求める資格などもっていない。」この一文が反復的な獄中生活を余儀なくされていた絶対拒否者への処遇の再考を求めた論説（七九頁で引用）の同じ段落に含まれている事実は、たとえＣＯｓへのある種の同情論を展開する場面であっても、

『タイムズ』に代表される保守派の世論には、シティズンシップの実践に関するCOsの言い分を受けいれるつもりなどなかったことを伝える。国民代表法は画期的といってもよい法ではあるが、一九一八年一月一六日の貴族院でパームア卿が批判した通り、この剝奪規定は「不人気な意見をもっていることだけを理由にある種の個人から権利を奪おうとするという意味で、代議制統治の根本原則と矛盾している」。

選挙権の拡大だけでなく、大戦を経験したイギリスがさまざまな領域で民主化を進展させていったことは間違いない。しかし、それは兵役をはじめとする戦争遂行への献身に対する報償の性格の強い民主化、いわば血で購われた民主化であって、血を流そうとしない者たちを容赦なく排除した。イギリスが再び世界大戦への道を辿ることを促す力は、こうした民主化のあり方の中に胚胎されていたといえるかもしれない。

本書を閉じるにあたり、一九一八年一二月一三日（総選挙投票日の直前）の『タイムズ』論説を紹介しておこう。徴兵制についてのきわめてポジティヴな総括である。

万人による兵役を要求したロバーツ卿の運動は、われわれも最善を尽くして支持したものであるが、その裏づけとなっていたのは志願制による募兵よりも義務制による募兵の方がよいという抽象的な主張ではなかった。それは、ある種の条件が揃えばドイツとの戦争に巻き込まれるかもしれない、という後に現実となる想定をもち、そのような戦争に向けた充分な準備は万人による兵役という原則を通じてのみ可能だ、と主張したのである。……次のことを否定する者はいないだろう。戦争が勃発しようとするその時点で一〇〇万の兵士をわが国が準備していれば、……戦争はおそらく起こらなかっただろうし、少なくとも、もっとずっと早くに終結しただろう。

平和主義が支持を集めてゆく一方で、徴兵制の採用を一〇〇％プラスに評価するこうした議論が影響力を保持しつづけたことが、大戦後のイギリスが徴兵制という選択肢を決して手放さず、一九三九年には迅速に二度目の採用に踏み切る、といった展開の基盤を成していたと思われる。同じ論説は、徴兵制と民主主義という論点にまで話を進めたうえで、微妙に議論をずらしながら終わってゆく。

……民主主義の原則との問題などまったく生じない。スイスは民主主義国だが、万人による兵役を採用している。戦争の圧力の下、アメリカは一瞬の躊躇もなく徴兵制を採用した。そうであるなら、民主主義の原則への口先だけのアピールによって徴兵制の問題がどちらかの方向に決着することなどありえない、ということを理解しなければならない。……この問題にはもう一つの側面がある。すなわち、わが国の社会政策・教育政策にかかわる側面である。このたびの戦争の経験に照らして見れば、あらゆる男性が人生の一時期に国家への奉仕において肉体的な訓練を受けることが国の強味となるのは、疑問の余地がない。……徴兵制そのものに反対するのではなく、よき民主主義者が為すべきは、万人による兵役で兵士を得た軍隊が真に民主的になりうるような条件を考えることなのである。

世界恐慌の勃発、ナチズムの台頭、国際連盟の権威失墜、といった条件が出揃ってくる一九三〇年代のイギリスでは、軍備の拡張と軍事同盟の強化を求める声が平和主義のそれを最終的に圧倒してゆくことになる。ウェルズのいう「戦争をなくすための戦争」、換言すれば「最後の戦争」だったはずの戦争は、「第一次」大戦、つまり「新たな三十年戦争の第一段階」となってしまうのである。「ラスト・ウォー」の「ファースト・ウォー」への転化、第一次大戦にかかわる最大のパラドクスないし悲劇はここにある。

図33　1994年５月15日（国際 CO デイ）に公開された COs のための記念碑（PPU archives）

参考文献

Adams, R. J. Q., & Poirier, Philip P., *The Conscription Controversy in Great Britain, 1900–18*, Basingstoke: Macmillan, 1987.

Allen, Clifford, *Is Germany Right and Britain Wrong?: A Reprint of a Speech by Clifford Allen*, [London], [1914].

Allen, Clifford, *Conscription and Conscience: Presidential Address by Clifford Allen to the National Convention of the No-Conscription Fellowship, November 27th, 1915*, London: National Labour Press, 1916.

Lord Allen of Hurtwood, *Effective Pacifism*, London: League of Nations Union, 1934.

Angell, Norman, *The New Holy Office: or, Why I oppose Conscription*, Massachusett: Massachusetts Branch of the Women's Peace Party, n. d.

Bell, Julian, (ed.), *We Did Not Fight, 1914–18: Experiences of War Resisters*, London: Cobden=Sanderson, 1935.

Bet-El, Ilana R., *Conscripts: Forgotten Men of the Great War*, Stroud: History Press, 1999.

Broad, Roger, *Conscription in Britain, 1939–1964: The militarization of a generation*, London & New York: Routledge, 2006.

Brock, Peter, *Twentieth-Century Pacifism*, New York: Van Nostrand Reinhold Co., 1970.

Brock, Peter, (ed.), *'These Strange Criminals': An Anthology of Prison Memoirs by Conscientious Objectors from the Great War to the Cold War*, Toronto, Buffalo, London: Univ. of Toronto Press, 2004.

Brock, Peter, *Against the Draft: Essays on Conscientious Objection from the Radical Reformation to the Second World War*, Toronto, Buffalo, London: Univ. of Toronto Press, 2006.

Brockway, Fenner, *Is Britain Blameless?*, London: National Labour Press, 1915.

Brockway, Fenner, *How to End War: The I. L. P. View on Imperialism and Internationalism*, London: Independent Labour Party, [1925].

Brockway, Fenner, *Pacifism and the Left Wing*, London: Pacifist Publicity Unit, 1938.

Brockway, Fenner, *Towards Tomorrow: The Autobiography of Fenner Brockway*, London: Hart-Davis, MacGibbon, 1977.

Brockway, Fenner, *The C. O. and the Community: Presidential address to the second Annual Conference of the Fellowship of Conscientious Objectors*, London: Fellowship of Conscientious Objectors, n. d.

Catchpool, Corder, *On Two Fronts: Edited by His Sister with a Foreword by J. Rendel Harris, D. D.*, London: Headley Brothers Pub., 1918, rpt., London: Friends Book Centre, 1971.

Catchpool, Corder, *Letters of a Prisoner for Conscience Sake*, London: George Allen & Unwin, 1941.

Ceadel, Martin, *Pacifism in Britain, 1914–1945: The Defining of a Faith*, Oxford: Clarendon Press, 1980.

Ceadel, Martin, *Semi-Detached Idealists: The British Peace Movement and International Relations, 1854–1945*, Oxford: Oxford Univ. Press, 2000.

Cecil, Hugh, & Liddle, Peter H., (eds.), *Facing Armageddon: The First World War Experience*, Barnsley: Pen & Sword, 2003.

Central Board for Conscientious Objectors (ed.), *Troublesome People: A Re-print of the No-Conscription*

Fellowship Souvenir: describing its work during the years, 1914–1919, London: Central Board for Conscientious Objectors, n. d.

Chamberlain, W. J., *Fighting for Peace: The Story of the War Resistance Movement*, London: No More War Movement, [1928].

Childs, Wyndham, *Episodes and Reflections*, London, Toronto, Melbourne & Sydney: Cassell & Co., 1930.

Coulton, G. G., *The Case for Compulsory Military Service*, London: Macmillan & Co., 1917.

Ellsworth-Jones, Will, *We Will Not Fight: The Untold Story of the First World War's Conscientious Objectors*, London: Aurum, 2008.

Florence, Mary Sargant, Marshall, Catherine, & Ogden, C. K., *Militarism versus Feminism: Writings on Women and War*, London: George Allen & Unwin, 1915, rpt., London: Virago Press, 1987.

Flynn, George Q., *Conscription and Democracy: The Draft in France, Great Britain, and the United States*, Westport & London: Greenwood Press, 2002.

Gilbert, Martin, *Plough My Own Furrow: The story of Lord Allen of Hurtwood as told through his writings and correspondence*, London: Longmans, 1965.

Gooch, G. P., (ed.), *In Pursuit of Peace*, London: Methuen & Co., 1933.

Graham, John W., *Conscription and Conscience: A History, 1916–1919*, London: George Allen & Unwin, 1922, rpt., New York: Augustus M. Kelley, 1969.

Gregory, Adrian, *The Last Great War: British Society and the First World War*, Cambridge: Cambridge Univ. Press, 2008.

Hardy, G. H., *Bertrand Russell and Trinity*, Cambridge: Cambridge Univ. Press, 1941, rpt., 1970.

Hayes, Denis, *Conscription Conflict: The Conflict of Ideas in the Struggle for and against Military Conscription in Britain between the Years 1901 and 1939*, London: Sheppard Press, 1949.

Hinton, James, *Protests and Visions: Peace Politics in 20th Century Britain*, London: Hutchinson Radius, 1989.

Hobhouse, Mrs. Henry, *'I Appeal unto Caesar': With Introduction by Professor Gilbert Murray*, London: George Allen & Unwin, [1917].

Kennedy, Thomas C., *The Hound of Conscience: A History of the No-Conscription Fellowship, 1914–1919*, Fayetteville: Univ. of Arkansas Press, 1981.

Laity, Paul, *The British Peace Movement, 1870–1914*, Oxford: Oxford Univ. Press, 2001.

Lee, Colonel Arthur, *The Need of Compulsory National Service: Lessons of the War*, London: National Service League, [1915].

Long (The Right Honourable Viscount Long of Wraxall), Walter, *Memories*, London: Hutchinson & Co., 1923.

Macdonald, N. P., (ed.), *What is Patriotism*, Andover: Thornton Butterworth, 1935.

Macready, Nevil, *Annals of an Active Life*, London: Hutchinson & Co., n. d.

Marwick, Arthur, *Clifford Allen: The Open Conspirator*, Edinburgh & London: Oliver & Boyd, 1964.

Marwick, Arthur, *The Deluge*, Basingstoke: Palgrave Macmillan, 1965, 2nd edn., 1991.

Morgan, Kevin, 'Militarism and Anti-Militarism: Socialists, Communists and Conscription in France and Britain, 1900–1940', *Past and Present*, no. 202, Feb. 2009.

National Service League, *Briton's First Duty: The Case for Universal Military Training*, London: National Service League, 4th edn., [1907].

National Service League, *The Causes of the Great War*, London: Buck & Wooton, [1914].

No-Conscription Fellowship, *No-Conscription Fellowship*, London: No-Conscription Fellowship, 1915.

No-Conscription Fellowship, *The C. O.'s Hansard: A Weekly Reprint from the Official Parliamentary Reports*, London: No-Conscription Fellowship, 1916–19.

No-Conscription Fellowship, *The Court-Martial Friend and Prison Guide*, London: No-Conscription Fellowship, 1917.

Peace Pledge Union, *Refusing to kill: conscientious objection and human rights in the first world war*, London: Peace Pledge Union, 2006.

Playne, Caroline E., *The Pre-War Mind in Britain: An Historical Review*, London: George Allen & Unwin, 1928.

Pugh, Martin, *Electoral Reform in War and Peace, 1906–1918*, London: Routledge & Kegan Paul, 1978.

Rae, John, *Conscience & Politics: The British Government and the Conscientious Objector to Military Service, 1916–1919*, London: Oxford Univ. Press, 1970.

Robbins, Keith, *The Abolition of War: The 'Peace Movement' in Britain, 1914–1919*, Cardiff: Univ. of Wales Press, 1976.

Royle, Trevor, *National Service: The Best Years of Their Lives*, London: Andre Deutsch, 2002.

Russell, Bertrand, *The Philosophy of Pacifism*, London: League of Peace and Freedom, [1915].

Searle, G. R., *A New England?: Peace and War, 1886–1918*, Oxford: Oxford Univ. Press, 2004.

Snowden, Philip, *British Prussianism: The Scandal of the Tribunals: Full Reports of Two Speeches Delivered in the House of Commons by Philip Snowden, M. P., on March 22nd and April 6th, 1916*, Manchester & London: National Labour Press, 1916.

Snowden, Philip, *War or Peace?: Report of a Speech delivered in the House of Commons on Wednesday,*

February 13, 1918, by Philip Snowden, M.P., in reply to the Rt. Hon. A. J. Balfour, M.P. (*Foreign Secretary*), Manchester & London: National Labour Press, 1918.

Vellacott, Jo, *From Liberal to Labour with Women's Suffrage: The Story of Catherine Marshall*. Montreal & Kingston: McGill-Queen's University Press, 1993.

Wells, Herbert George, *The War That Will End War*, New York: Duffield & Co., 1914.

Winter, J.M., *The Great War and the British People*, Basingstoke: Palgrave Macmillan, 1985, 2nd edn., 2003.

阿部知二『良心的兵役拒否の思想』岩波新書、一九六九年。

市川ひろみ『兵役拒否の思想——市民的不服従の理念と展開』明石書店、二〇〇七年。

大江志乃夫『徴兵制』岩波新書、一九八一年。

木畑洋一『支配の代償——英帝国の崩壊と「帝国意識」』東京大学出版会、一九八七年。

佐々木雄太（編）『世界戦争の時代とイギリス帝国』ミネルヴァ書房、二〇〇六年。

佐々木陽子（編）『兵役拒否』青弓社、二〇〇四年。

鈴木正彦『リベラリズムと市民的不服従』慶應義塾大学出版会、二〇〇八年。

セジウィック、マーカス（金原瑞人・天川佳代子訳）『臆病者と呼ばれても——良心的兵役拒否者たちの戦い』あかね書房、二〇〇四年。

センメル、バーナード（野口建彦・野口照子訳）『社会帝国主義史——イギリスの経験、１８９５－１９１４』みすず書房、一九八二年。

寺島俊穂『市民的不服従』風行社、二〇〇四年。

ボウルトン、デイヴィッド（福田晴文ほか訳）『異議却下——イギリスの良心的兵役拒否運動』未來社、一九九三年。

吉川宏『１９３０年代英国の平和論——レナード・ウルフと国際連盟体制』北海道大学図書刊行会、一九八九年。

渡辺知「イギリスの国民代表法（一九一八年）における良心的兵役拒否者の選挙権剥奪について」『上智史学』三九号、一九九四年一一月。

あとがき

ドイツが開戦時に抱いていた目論見はほんの二ヵ月も経たないうちに破綻した、多少とも大戦の勉強をしたことがある人にとっては耳に馴染んだ話だろう。ドイツの戦略の基本は、二つの戦線（対フランス、対ロシア）を長期にわたって維持しなければならない事態を避けることにあり、まず電撃的にフランスに攻め入って早期降伏に追い込んだうえ、動員に時間がかかると思われるロシアとの戦いにはその後で主力を充てる、と想定していたわけだが、パリにまで迫る勢いを見せた当初の快進撃は一九一四年九月のマルヌの戦いで食い止められてしまう。結局、ドイツは二正面作戦の長期化という最悪のシナリオの遂行を余儀なくされることとなった。

なにも「あとがき」においてまで大戦を論じたいわけではない。ドイツの目論見の破綻などといいだしたのは、私の研究プランもまた破綻の様相を呈してきているからである。もう四年ほども前、人文科学研究所の同僚たちと大戦に関する共同研究の構想を語っていた頃から、私には扱ってみたいテーマが二つあった。本書でとりあげたイギリスの徴兵制をめぐる諸問題（テーマ①）、そして、大戦に際してアイルランドのナショナリストの多数派がとった戦争協力方針をめぐる諸問題（テーマ②）である。当初のプランは、テーマ②の方を早めにやってしまい、テーマ①はそれから、というもので、実際、共同研究班が発足した直後の二〇〇七年六月の例会では、アイルランド史のコンテクストにおける大戦の意味を考える趣旨の報告を行っている。報告中に休憩（二度？）を挟まねばならないほど延々と喋らせてもらったのだが、にもかかわらず、このテーマを論じ尽くしたと納得できるには程遠かった。テーマ②に目途をつけるにはまだまだ時間がかかる、しかし、テーマ①に着手するのを遅らせたくもない、こうなったら同時並行的に進めるしかない、そんな思いから、以降の私はいつ終わるとも知れない二正面作戦に苦闘する身となったのである。

本書の狙いは徴兵制に関連して浮上するいくつかの論点を概説的に整理することにあり、これでテーマ①に決着がついたなどとは考えていない。とりわけ、本書では簡単に言及することしかできなかった戦間期については、改めてきちんと検討しておく必要があろう。一九三九年に徴兵制が再導入されるに至る経緯の吟味は、平和主義の変質（中でも、病身をおしてまでミュンヘン会談のお膳立てに乗り出したクリフォード・アレンの軌跡）を考察することと合わせて、本書で扱った内容を評価するうえで欠かせないはずである。本書はあくまでも中間報告にすぎない。

最後に、本書を含むシリーズ「レクチャー　第一次世界大戦を考える」の実現のために尽力してくれた人文書院の井上裕美さんへの謝意を記しておきたい。巻頭言にあるように、本シリーズの執筆者たちが属す共同研究班は今も精力的に活動を継続中であり、二〇一〇年五月には西部戦線の戦跡調査旅行も実施した。今後の成果にご期待いただきたい。

二〇一〇年七月

小関　隆

年	月日	出来事
	12. 6	**ロイド・ジョージ連立政権成立**
1917	2. 1	ドイツ軍が潜水艦による無制限攻撃を宣言
	2. 3	アメリカがドイツとの国交を断絶
	3. 8	ロシア二月革命（-3. 15）
	4. 6	アメリカ参戦
	7. 31	第三次イープルの戦い（-11. 6）
	8. 14	中国参戦
	10. 24	カポレットの戦い（-11. 12）
	11. 5	ロシア十月革命（-11. 7）
	11. 8	ロシア・ソヴィエト政権が「平和に関する布告」を発表
1918	1. 8	アメリカ大統領ウィルソンの「十四ヵ条」演説
	3. 3	ブレスト・リトフスク条約調印
	3. 21	ドイツ軍が西部戦線で大攻勢を開始
	7. 20	ドイツ軍がマルヌ川からの撤退を開始
	11. 3	キール軍港でドイツ水兵の反乱
	11. 11	休戦
	12. 14	**イギリス総選挙**
1919	1. 18	パリ講和会議開始
	1. 21	**アイルランド独立戦争（-1921. 7. 11）**
	6. 28	ヴェルサイユ条約調印
	11. 29	**NCF の最終全国代表者会議（-30）→ NCF 解散**

略年表　特にイギリスにかかわる項目は太字

年	月日	出来事
1914	6. 28	サライェヴォ事件
	7. 28	オーストリアがセルビアに宣戦布告
	8. 4	ドイツ軍がベルギーに侵入 → **イギリス参戦**
	8. 5	**キッチェナーが陸軍相に就任**
	8. 23	日本参戦
	8. 26	タンネンベルクの戦い（-30）
	9. 6	第一次マルヌの戦い（-10）→ **西部戦線膠着へ**
	9. 18	**アイルランド自治法成立**
	11. 1	トルコ参戦
	12.	**反徴兵制フェローシップ（NCF）設立**
	12. 16	**スカーバラ等イングランド東部沿岸地方へのドイツ軍の空爆**
1915	1. 18	日本が「対華二十一ヵ条要求」を提出
	1. 19	**ドイツ軍がツェッペリン飛行船によるイギリス空爆を開始**
	2. 4	**ドイツがイギリス周辺海域を交戦海域と宣言し、潜水艦による攻撃を警告**
	4. 25	ガリポリ上陸作戦（-1916. 1. 9）
	5. 7	**イギリス客船「ルシタニア」がドイツ軍潜水艦の無警告攻撃で沈没**
	5. 23	イタリア参戦
	5. 25	**アスクィス連立政権成立**
	5. 31	**ロンドンへのドイツ軍の空爆**
	8. 15	**国民登録デイ**
	10. 5	連合国軍がサロニカへの集結を開始
	10. 14	ブルガリア参戦
	10. 19	**ダービ計画実施（-12. 11）**
	11. 27	**NCF の第一回全国代表者会議**
1916	**1. 27**	**兵役法成立**
	2. 21	ヴェルダンの戦い（-12. 18）
	3. 2	**徴兵制の運用開始**
	4. 8	**NCF の第二回全国代表者会議（-9）**
	4. 24	**ダブリンでイースター蜂起勃発**
	5. 25	**総徴兵制の導入**
	5. 31	ユトランド沖海戦（-6. 2）
	7. 1	ソンムの戦い（-11. 18）
	8. 27	ルーマニア参戦

小関　隆（こせき・たかし）
1960年生まれ。一橋大学社会学研究科博士課程単位取得退学。現在、京都大学人文科学研究所准教授。社会学博士。専攻はイギリス・アイルランド近現代史。著書に『一八四八年——チャーティズムとアイルランド・ナショナリズム』（未來社、1993）、『プリムローズ・リーグの時代——世紀転換期イギリスの保守主義』（岩波書店、2006）など。

レクチャー　第一次世界大戦を考える
徴兵制と良心的兵役拒否——イギリスの第一次世界大戦経験

2010年9月10日　初版第1刷印刷
2010年9月20日　初版第1刷発行

著　者　小関　隆
発行者　渡辺博史
発行所　人文書院
〒612-8447　京都市伏見区竹田西内畑町9
電話　075-603-1344　振替　01000-8-1103

装幀者　間村俊一
印刷所　創栄図書印刷株式会社
製本所　坂井製本所

落丁・乱丁本は小社送料負担にてお取り替えいたします

ISBN978-4-409-51111-4　C1320

レクチャー　第一次世界大戦を考える

＊は既刊　以下続刊

＊「クラシック音楽」はいつ終わったのか？
――音楽史における第一次世界大戦の前後
一五〇〇円　岡田暁生

複合戦争と総力戦の断層
――日本にとっての第一次世界大戦
山室信一

表象の傷――第一次世界大戦からみるフランス文学史
久保昭博

カブラの冬――第一次世界大戦期ドイツの飢饉と民衆
藤原辰史

葛藤する形態――第一次世界大戦と美術
河本真理

表示価格（税抜）は2010年８月現在